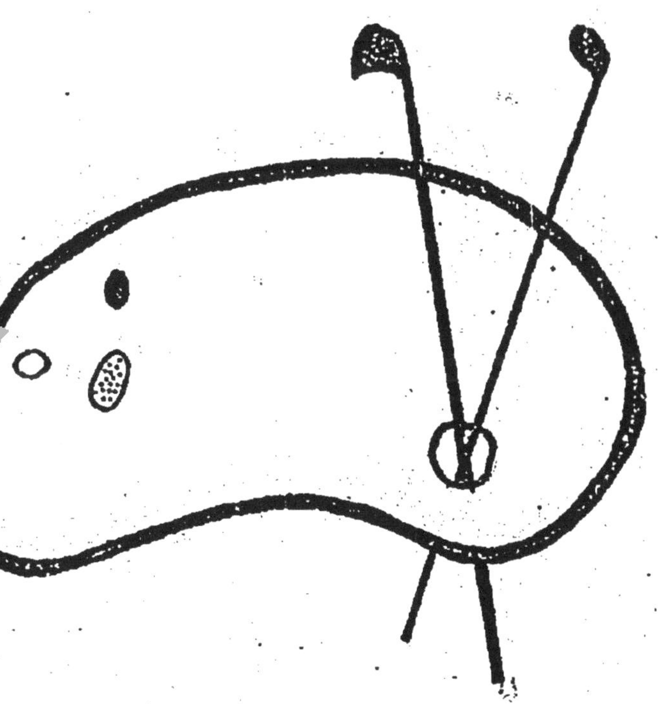

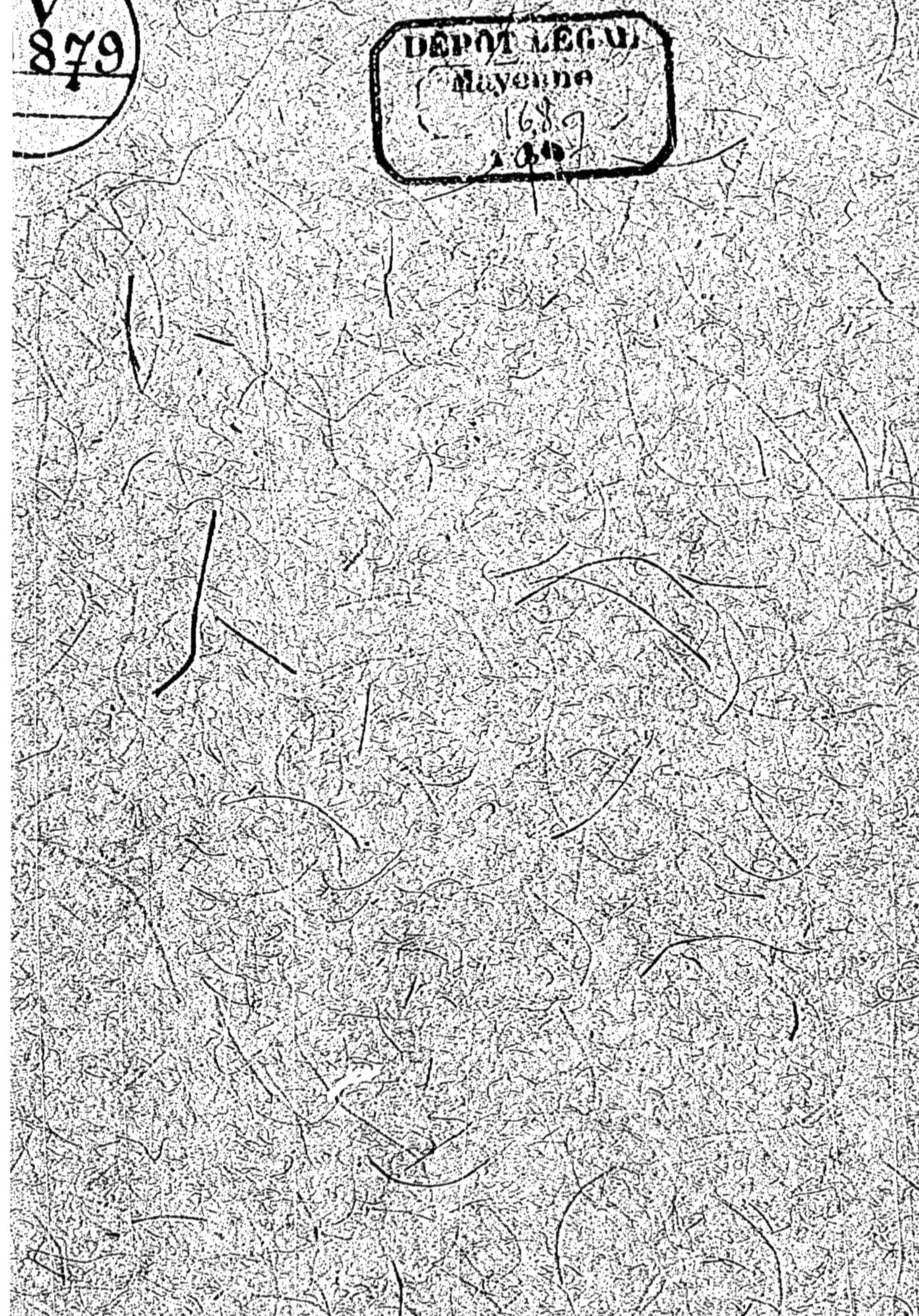
DÉPOT LÉGAL
Mayenne

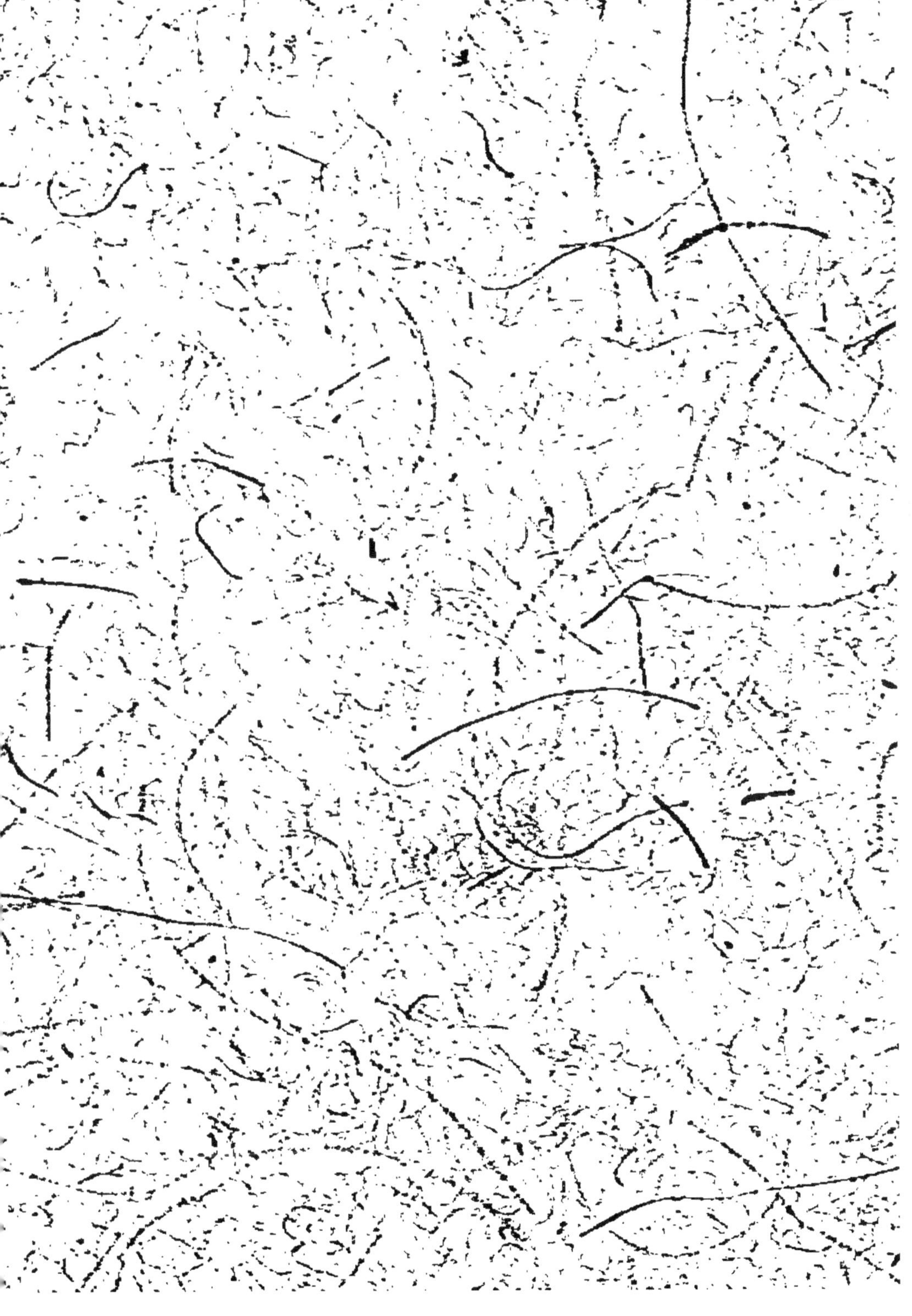

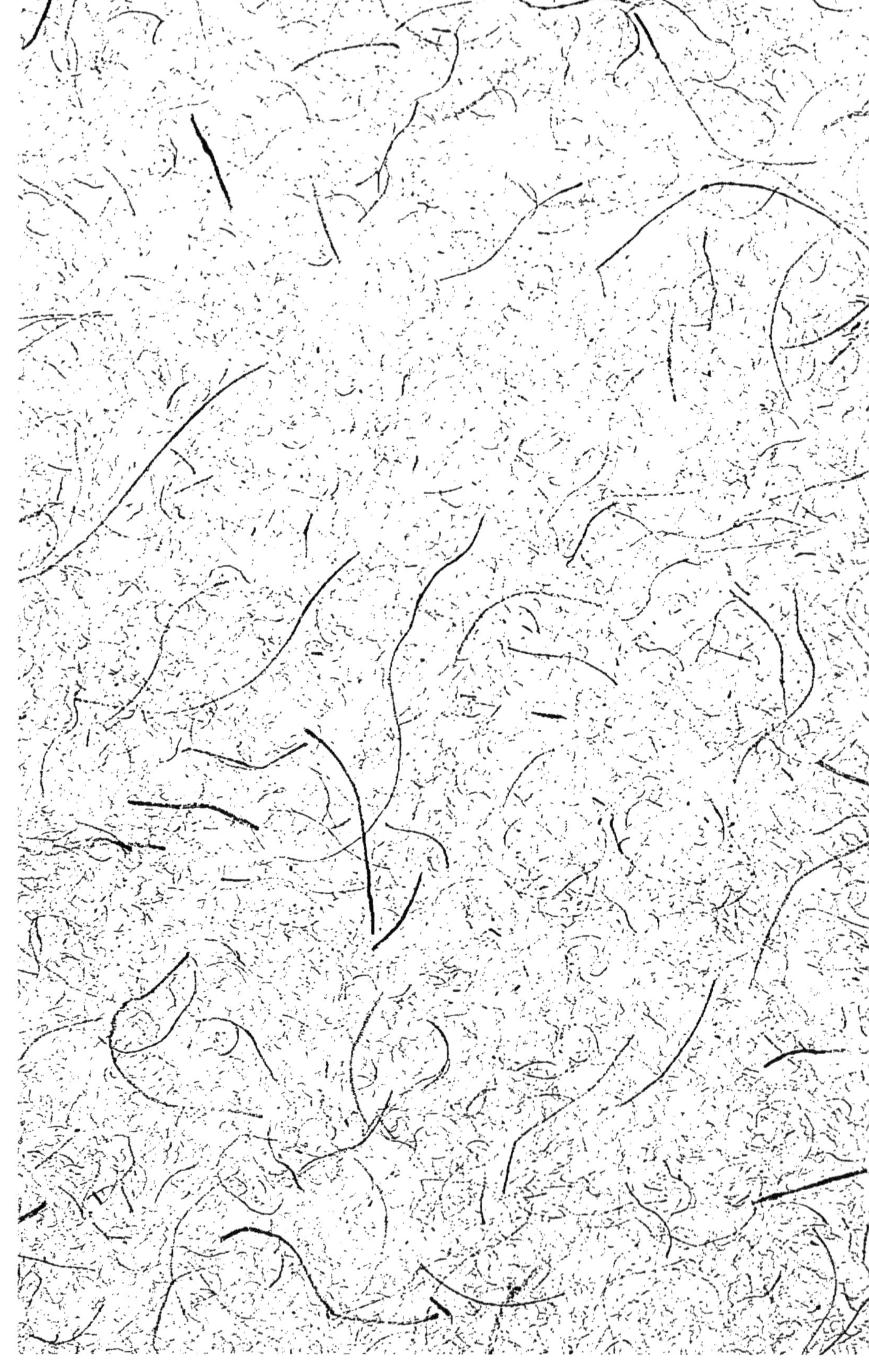

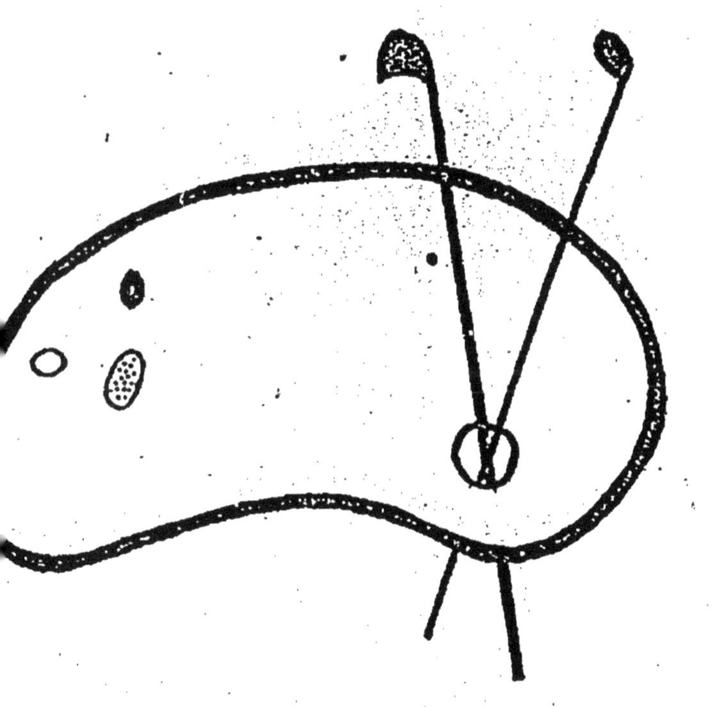

FIN D'UNE SERIE DE DOCUMENTS
EN COULEUR

LA

LOCOMOTION ÉLECTRIQUE

PETITE BIBLIOTHÈQUE D'ÉLECTRICITÉ PRATIQUE

PAR H. DE GRAFFIGNY

LA LOCOMOTION ÉLECTRIQUE

HISTOIRE DE LA LOCOMOTION ÉLECTRIQUE
TRACTION ÉLECTRIQUE PAR ACCUMULATEURS
LES ÉLECTROMOBILES. — LES TRAMWAYS A TROLLEY AÉRIEN
LES TRAMWAYS A CANALISATION SOUTERRAINE ET AU NIVEAU DU SOL
LES CHEMINS DE FER A TRACTION ÉLECTRIQUE
TRACTION ÉLECTRIQUE A GRANDE VITESSE
LES CHEMINS DE FER ÉLECTRIQUES DE MONTAGNE ET FUNICULAIRES
CONDUITE ET ENTRETIEN DES MOTEURS ÉLECTRIQUES

25 figures explicatives

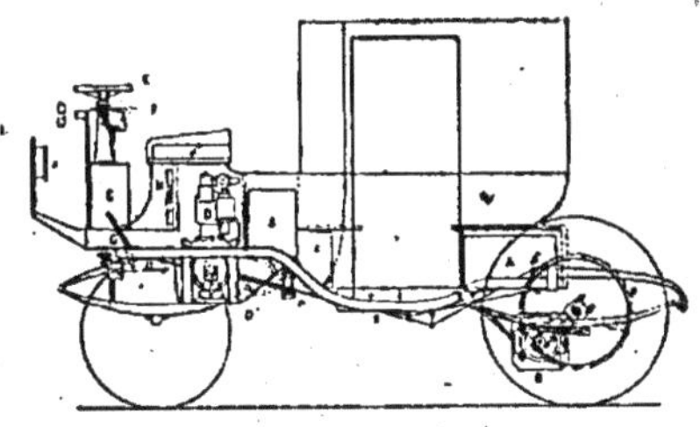

PARIS
LIBRAIRIE DES PUBLICATIONS POPULAIRES
16, RUE DES FOSSÉS-SAINT-JACQUES, 16

LA LOCOMOTION ÉLECTRIQUE

CHAPITRE PREMIER

HISTOIRE DE LA LOCOMOTION ÉLECTRIQUE

La locomotion est une nécessité impérieuse de la vie humaine, au même titre presque, que l'alimentation et le vêtement.

Pendant bien des siècles, l'homme a été évidemment réduit au seul usage de ses moyens naturels pour se déplacer et se transporter d'un point à un autre, souvent même à de grandes distances. Aujourd'hui encore, c'est encore le procédé économique employé par les gens économes, les piétons endurcis qui préfèrent prendre « le train 11 » plutôt que les express ou même les modestes « bus » de toute espèce, mais, avec les progrès de la civilisation, marcher à pied est un luxe qui n'est plus à la portée de tout le monde. La devise « time is money » est d'usage universel, et c'est surtout à l'abolition de la distance, — ou tout au moins à l'épargne du temps mis à la parcourir, — que travaillent les ingénieurs. Plus on va, et plus on veut aller vite. « Les morts vont vite », disait la ballade ; les vivants vont plus vite encore et c'est une lutte constante entre les moyens de locomotion ; l'auto a vaincu le rail, le racer à pétrole se rit du torpilleur, et la machine volante fera bientôt le tour du monde en quelques zigzags fantastiques. Tout pour la vitesse !...

Si l'on veut retracer succinctement l'histoire de la locomotion depuis l'origine des temps, on verra que, jusqu'à la période moderne, elle a été limitée à l'usage des animaux comme tracteurs terrestres, et au vent comme moteur sur l'immensité liquide. Les transports n'ont pu commencer à se développer qu'après l'invention des moteurs mécaniques, si bien que l'on peut dire que cette application scientifique est presque contemporaine ; la poste aux chevaux n'existait-elle pas encore en 1830 ?..

La première source d'énergie motrice qui ait été connue, est, comme on le sait, la vapeur, et la puissance expansive de ce fluide a été découverte et mise à profit pour la première fois par le médecin français Denis Papin en 1690. C'est de cette découverte que découle, on peut l'affirmer, tout ce qui a été réalisé dans le domaine de la locomotion et des transports rapides : les chemins de fer, les transatlantiques, les automobiles mêmes, dérivent de ce point de départ. Papin a planté le premier jalon sur cette route nouvelle, et toutes ces conquêtes successives ne sont que les maillons d'une même chaîne.

En effet, les inventions de ce monde, les grandes surtout, ne surgissent pas tout d'un coup, sans aucune préparation préliminaire. Elles sont le fruit d'anciennes rêveries, d'idées déjà émises et quelquefois essayées sans succès, parce que la science, et quelquefois l'industrie, n'étaient pas assez avancées à l'époque pour permettre leur réalisation pratique. Il faut, pour qu'un progrès se fasse, non seulement que ce progrès soit possible, mais qu'il vienne à son heure, c'est-à-dire que certaines conditions matérielles et morales indispensables existent, que l'état des esprits et les intérêts l'acceptent, enfin, pour tout dire, que le milieu s'y prête. Puis, quand le temps est venu, des hommes mieux doués que d'autres, ou peut-être sachant faire un meilleur usage des facultés dont ils ont été dotés par la nature, reprennent, en y appliquant toutes les ressources accumulées par l'expérience de leurs prédécesseurs, ces essais et ces tâtonnements jusqu'alors inféconds. Et l'on voit éclore enfin, sous une forme pratique, ce qui jusque-là n'était qu'un germe, une espérance, une vue vague, une utopie. Et ce qui, hier, était une impossibilité et une chimère, est devenu aujourd'hui une banalité à laquelle on ne prête plus la moindre attention.

Il en est ainsi pour la plupart des grandes inventions scientifiques dont nous profitons maintenant, et qui ont débuté par de simples assertions hypothétiques, des créations erronées, des tentatives avortées. Puis le monde marche; dans des ordres d'idées souvent fort éloignés, des découvertes nouvelles sont faites qui rendent possible la réalisation de ces idées qui paraissaient d'abord absolument chimériques. Ainsi, par exemple, sans la création des nouveaux métaux et alliages de grande résistance et de faible densité, le moteur extra-léger, à explosion, n'aurait pu être construit, et l'automobilisme n'aurait pas pris l'extension qu'on peut constater.

Pour en revenir à la locomotion, il suffit de rappeler que les premiers essais de traction des véhicules à l'aide de moteurs mécaniques, ont encore été exécutés par un Français : Joseph Cugnot, et le modèle de ce premier et rudimentaire chariot, qui fut essayé en 1770 à Paris, peut se voir dans les collections du Conservatoire des Arts et Métiers. Le moteur était un cylindre recevant de la vapeur d'une chaudière disposée à l'avant du véhicule. La bielle attaquait directement la manivelle faisant tourner l'unique roue motrice. Cet ancêtre des automobiles modernes ne fournit que des résultats très médiocres, ce qui n'avait rien d'étonnant en réalité ; toutefois il suffisait, pour le rendre pratique, de le perfectionner, et c'est la tâche qui devait être poursuivie et menée à bien par d'autres chercheurs, bien des années plus tard, alors que la machine à vapeur était déjà en service général dans les grandes exploitations industrielles et minières. Toutefois, il faut remarquer que l'automobile routière, le véhicule automoteur sur routes ordinaires, précéda la locomotive roulant sur une voie ferrée spécialement faite pour elle. En 1790, Olivier Evans, mécanicien américain, en 1804, les ingénieurs anglais Trevitick et Vivian, puis en 1825, Hancock et Gurney, firent circuler sur les routes de leur pays des voitures mues par des moteurs à vapeur, mais l'horreur instinctive de la nouveauté, la toute-puissante force de la routine, entravèrent le développement de ce mode de traction. La vapeur ne devait triompher que vingt ans plus tard avec les chemins de fer, dont la création fut rendue possible grâce à l'invention de la locomotive ou « machine voyageuse » des Stephenson, en 1825.

Nous n'avons pas à retracer par le détail l'histoire du merveilleux procédé de locomotion et de transport qu'est le chemin de fer ; qu'il nous suffise de rappeler que la première ligne qui ait été mise en exploitation est celle de Manchester à Liverpool et date de 1830. En France, le chemin de fer de Paris à Saint-Germain fut ouvert au public en 1833. Dès lors, l'essor était donné et ne devait plus se ralentir. Dans tous les pays du monde, des chantiers s'ouvrirent pour la construction du matériel roulant ; de puissantes Compagnies se fondèrent pour la création de réseaux réunissant les nations, et aujourd'hui la planète est cerclée d'innombrables lignes ferrées sur lesquelles courent, avec une rapidité sans cesse croissante, de puissants tracteurs à vapeur traînant à leur suite tout un chapelet de véhicules bondés de voyageurs ou de marchandises. Les Océans, à leur tour, sont sillonnés constamment par d'innombrables navires dont la vapeur est l'âme, et qui, véritables villes flottantes, transportent d'une rive à l'autre toute une population de passagers, en même temps qu'une montagne de marchandises et de produits des continents mis en rapport.

A cette prodigieuse activité, la vapeur suffit pendant longtemps, mais l'esprit des inventeurs ne saurait s'arrêter : on améliore la création des Papin, des Watt et des Stephenson et tandis que certains ingénieurs portaient cette machine à son plus haut point de perfection, d'autres cherchaient si l'on ne pourrait pas lui opposer de nouveaux dispositifs présentant d'autres avantages. C'est alors que, revenant aux idées des prédécesseurs de Papin, à l'antique moteur à poudre de l'abbé de Hautefeuille, et réalisant les projets de Philippe Le

Bon, l'inventeur de l'éclairage au gaz, c'est alors que M. Lenoir, en 1860, imagina le moteur à explosion, bientôt perfectionné, au fur et à mesure que l'industrie s'améliorait et pouvait établir des machines plus parfaites, grâce à un outillage supérieur et des matériaux de haute qualité. Et de perfectionnements en perfectionnements, on en est arrivé aux remarquables appareils actuels, aux moteurs à gaz pauvres de hauts fourneaux et aux moteurs à grande vitesse extra-légers pour véhicules automobiles de toute espèce.

En même temps qu'on cherchait à utiliser ainsi la puissance expansive des gaz tonnants, on faisait appel à toutes les autres sources possibles d'énergie : à l'air chaud, à l'air comprimé, au vent et enfin à l'électricité.

La première application qui ait été faite de l'électricité à la traction paraît remonter à l'année 1840 et avoir été réalisée par un Écossais nommé Davidson. Le moteur était constitué par deux cylindres de bois adaptés aux essieux des quatre roues d'un chariot et munis d'armatures de fer disposées de manière à pouvoir tourner entre les pôles de huit électro-aimants en fer à cheval, opposés deux par deux par leurs pôles contraires sur deux rangées parallèles, de sorte que chaque cylindre portait deux séries de barres de fer, disposées parallèlement aux essieux, et se présentait successivement aux pôles des électros correspondants pendant la rotation, mais de telle manière que, quand l'une des barres arrivait d'un côté devant les pôles de l'électro de droite, une autre barre, du côté opposé, se trouvait placée à portée d'attraction de l'électro de gauche et réciproquement. Il résultait de cette disposition que si, après l'attraction produite, le courant était interrompu dans l'électro actif et envoyé dans celui du côté opposé, le mouvement de rotation se continuait, en entraînant l'essieu. Chacun des quatre systèmes d'armatures produisant le même effet, les actions s'additionnaient et pouvaient déterminer sur les deux essieux une certaine force assurant la progression du véhicule.

Le courant nécessaire à l'alimentation des électro-aimants était engendré dans ce système par une batterie de piles de Sturgeon, lesquelles étaient composées de plaques de fer et de zinc amalgamé de grandes dimensions. La batterie comptait soixante éléments accouplés à la façon des piles à auges de Wollaston. La voiture mesurait 16 pieds de long sur 6 de large et pesait 5 tonnes en ordre de marche : la vitesse de progression atteinte fut de 4 milles (6 klm. 1/2) à l'heure pour un travail estimé à environ un demi-cheval. L'appareil roulait sur une voie ferrée et non sur route.

Tel est le premier essai pratique de locomotion électrique que l'histoire enregistre. L'insuffisance du résultat obtenu, malgré l'énorme dépense d'électricité faite, découragea l'inventeur, et il faut arriver à l'année 1879 pour trouver la suite de ces recherches, car on ne peut considérer comme sérieuses les expériences en petit exécutées dans différents pays par divers inventeurs pendant cette longue période. On ne connaissait, il est vrai, comme appareil de transformation de l'électricité en mouvement, que l'électro-aimant, dont le rendement, pour cette application, était véritablement déplorable. Il fallut donc que la machine dynamo eût fait son apparition, et montré ses précieuses qualités de réversibilité pour que l'on songeât à reprendre ces expériences et essayer de concurrencer la vapeur par ce nouveau moyen.

La première application de cette énergie est due aux électriciens Siemens et Halske, qui installèrent à l'exposition de Berlin, en 1879, un petit chemin de fer électrique de démonstration. La longueur du trajet était d'environ 300 mètres, et la voie formait une courbe ovale fermée, si bien que les voyageurs revenaient à leur point de départ. Le train se composait d'une petite locomotive attelée à quelques légers wagonnets à banquettes longitudinales à deux faces adossées. Le moteur était une dynamo Siemens, solidement boulonnée sur le châssis de la locomotive; l'induit, disposé parallèlement à l'axe de la voie, actionnait par l'intermédiaire d'un engrenage d'angle l'essieu des roues d'avant. Le courant, produit par une dynamo génératrice placée dans un bâtiment à peu de distance, parvenait à la réceptrice montée sur la locomotive, par un conducteur en fer, disposé dans l'axe de la voie entre les rails ; sur cette barre s'appuyaient deux frotteurs fixés à la locomotive; le retour du courant s'opérait par les rails. Un levier, disposé à portée de la main du conducteur, servait à fermer le circuit et à produire le démarrage.

Cette expérience réussit à un tel point, son succès fut tel qu'il fallut, l'exposition de Berlin terminée, réinstaller ce petit chemin de fer successivement dans plusieurs villes : à Bruxelles, à Düsseldorf, à Francfort. Partout il fit l'admiration des foules qui se pressaient pour occuper les places des wagonnets. Ce succès engagea les constructeurs à étudier attentivement le problème de la traction électrique, et à poursuivre sa solution pratique.

Lors de l'Exposition d'Électricité de Paris en 1881, MM. Siemens et Halske installèrent une voie ferrée reliant le Palais de l'Industrie où se tenait l'Exposition à la place de la Concorde, et un tramway à moteur électrique fit le service de cette ligne, le fonctionnement s'opérant comme dans le chemin de fer de Berlin. Toutefois, au lieu d'opérer le transport du courant par un conducteur au niveau du sol et retour par les rails, il fallut établir deux conducteurs parallèles soutenus par une suite de poteaux, du point de départ à celui d'arrivée. La forme de ces conducteurs était celle d'un cylindre creux en cuivre ; les frotteurs étaient constitués par deux petits chariots munis de galets et que des ressorts appliquaient contre les tubes ; de ces frotteurs le courant se rendait au moteur de la voiture par des câbles à isolement fort. Le fonctionnement de ce tramway fut satisfaisant ; il fournit une nouvelle preuve de la possibilité de réaliser la traction des véhicules par l'électricité et donna une nouvelle impulsion aux recherches. De tous côtés les expériences se multiplièrent, et parmi les plus intéressantes nous devons mentionner celles de Raffard et de Trouvé en 1883.

M. Raffard, inventeur de mérite, songea à rendre les véhicules indépendants en les munissant de la provision d'énergie électrique indispensable pour un long parcours. Il agença à bord d'une voiture de tramway à traction par chevaux une batterie des nouveaux accumulateurs à formation artificielle que Faure venait d'imaginer, et utilisa le courant dans un moteur électrique commandant les essieux. Les résultats furent ceux qui avaient été espérés : le lourd véhicule, surchargé cependant de la pesante batterie, effectua les parcours prescrits, mais malgré cet encourageant résultat, la Compagnie des Omnibus de Paris ne se décida pas à adopter ce nouveau système de traction, et ce ne fut que plusieurs années plus tard que furent équipées les premières lignes de tramways électriques à accumulateurs sur les lignes de la Madeleine à Saint-Denis.

Ce sont encore les accumulateurs que l'électricien Gustave Trouvé, en France, et Magnus Volk en Angleterre, utilisèrent comme source de courant pour actionner de légers véhicules: dans le premier cas un tricycle, dans l'autre un petit dog-cart portant une personne. La vitesse obtenue dans ces deux expériences fut assez faible : 12 kilomètres à l'heure environ, mais c'était un début, et c'est de là que l'on peut faire partir l'histoire de l'automobilisme électrique, entré aujourd'hui dans le domaine des choses usuelles.

Dès lors l'élan était donné, d'autant plus que le problème de la transmission de la force à distance par l'électricité s'élucidait de plus en plus, grâce aux efforts de savants comme Marcel Deprez, Kapp, Cornu, et de nombreux industriels devinant l'avenir réservé à ces questions encore si neuves. Déjà on était en possession de plusieurs solutions sanctionnées par l'expérience : le transport du courant aux véhicules par une ligne aérienne, avec retour par la voie ferrée elle-même, et l'autonomie complète de ces véhicules grâce à la présence d'une batterie d'accumulateurs, rechargée à intervalles déterminés. On n'avait plus qu'à perfectionner ces méthodes, à les simplifier, les rendre plus économiques et plus sûres, et surtout à étendre le plus possible l'efficacité de ce mode de traction en le rendant possible et pratique pour les plus longs trajets. Et l'on peut dire que ce programme a été depuis amplement rempli !

Si nous voulons examiner fructueusement, dans le

présent ouvrage, les principales applications qui ont été réalisées du courant électrique à la traction, il faut adopter une classification méthodique et ranger les divers véhicules dans un ordre déterminé, le plus rationnel possible. Nous nous tiendrons à celui-ci qui comporte deux catégories distinctes :

1° Voitures autonomes

Voitures portant leur générateur de courant et roulant sur routes.
Tramways roulant sur voies ferrées.
Locomotives et automotrices portant leur source d'énergie.

2° Voitures dépendantes

Tramways à prise de courant sur fil aérien par trôlet ou archet.
Tramways à prise de courant souterrain (caniveau) ou au niveau du sol.
Locomotives électriques à contacts au niveau du sol ou ligne aérienne.
Tracteurs à effets d'induction.

Les véhicules de la première catégorie sont complètement indépendants et constituent la classe des électromobiles transportant leur provision d'énergie dans des batteries d'accumulateurs ; les autres sont en relation constante avec une usine centrale qui leur transmet le courant. C'est donc là un cas particulier du transport de l'énergie à distance que nous avons étudié en détail dans le précédent volume de cette collection. Au lieu d'attaquer un arbre de transmission quelconque, l'induit de la réceptrice commande la rotation de l'essieu d'une voiture se déplaçant sur une voie ferrée.

La première automobile électrique, ou *électromobile*, qui ait roulé d'une façon à peu près convenable sur le macadam des routes et sur le pavé des grandes villes, est incontestablement celle édifiée en 1895 par M. Jeantaud pour prendre part à la deuxième course d'automobiles organisée en France, sur le parcours de Paris-Bordeaux et retour, environ 1.200 kilomètres. Au prix de grands sacrifices, nécessités par les relais de batteries d'accumulateurs qu'il fallut disposer le long de la route, cette voiture exécuta le parcours imposé. Elle était chargée d'une batterie d'accumulateurs Fulmen de 38 éléments de 21 ampères-heure de capacité, actionnant un moteur à courant continu Rechniewski capable de développer jusqu'à dix chevaux.

Il fut démontré, par l'expérience de M. Jeantaud, que le moteur électrique pouvait parfaitement s'adapter à la traction des voitures sur routes, et de nombreux mécaniciens étudièrent et mirent en circulation des véhicules agencés d'une façon analogue à celle indiquée par M. Jeantaud. On améliora peu à peu les divers détails des mécanismes ; on allégea les moteurs, les transmissions et surtout les accumulateurs, auxquels on reprochait, non sans raison, de peser terriblement lourd et d'absorber pour leur transport une notable partie de l'énergie qu'ils contenaient.

Successivement parurent les électromobiles de Kriéger, de Rikkers, de Jenatzy, les fiacres électriques de la Compagnie des Petites-Voitures, et les coupés de l'*Électromotion*, de Mildé, etc.

L'usage des voitures électromobiles à accumulateurs, malgré quelques « records » sportifs de durée ou de vitesse retentissants, tels que ceux de Jenatzy et de Garcin, paraît plutôt limité au service des villes, le parcours normal journalier qui leur est imposé ne devant que rarement dépasser 100 kilomètres. On donne à ces voitures la forme de landau, landaulet ou coupé, plus rarement celle de victoria ou de phaéton. Le cocher est assis sur le siège, les appareils de commande et de direction à la portée de sa main ; il a l'air ainsi de diriger en voiture dételée, car l'œil cherche instinctivement les chevaux qui, habituellement, précèdent la carrosserie, mais ici il s'agit de chevaux électriques et rien d'étonnant à ce qu'ils soient invisibles.

Mentionnons en passant l'application spéciale qui a été faite de l'accumulateur à la traction des voitures de sauvetage, des ambulances et des pompes à incendie. Les sapeurs-pompiers de Paris possèdent plusieurs pompes automobiles électriques de ce genre et qui permettent d'apporter un prompt secours en cas de sinistre, ce qui présente une extrême importance.

Les batteries d'accumulateurs sont encore employées pour la traction électrique sur les voies ferrées sillonnant les villes, voies désignées sous l'appellation générique de tramways. De très nombreux réseaux sont équipés suivant ce procédé à Paris et à l'étranger, et certaines fonctionnent depuis plus de dix ans. Toutefois on reproche à ce procédé de traction, qui présente, il est vrai, l'avantage de laisser chaque voiture autonome et indépendante, l'inconvénient d'exiger des types d'accumulateurs à charge rapide dont l'entretien est très coûteux en raison de la dégradation des plaques positives par les efforts continuels auxquels elles sont soumises. Les batteries dégagent des vapeurs acides et corrosives qui incommodent les voyageurs ; pour réduire leur poids on a dû sacrifier de leur solidité et de leur durée, aussi toutes ces raisons font-elles que les accumulateurs, pour la traction, n'ont pas pris l'extension qu'on aurait pu penser.

Sur les chemins de fer de grandes lignes on a essayé

aussi, sans plus de succès, des accumulateurs comme source d'énergie. M. Auvert, ingénieur à la traction de la Compagnie du P.-L.-M., a étudié une locomotive pourvue d'accumulateurs type Fulmen et qui a été essayée à plusieurs reprises en 1897. Le nombre total d'éléments portés par la locomotive et son tender était de 372 et le poids des véhicules de 90 tonnes, soit 45 pour chacun d'eux. Le débit moyen était, en marche, de 500 ampères, la puissance utilisable de la batterie de 500 kilowatts, le travail des moteurs atteignait 611 chevaux. Attelée à un train pesant 100 tonnes, la locomotive Auvert avec son fourgon put donner aisément des vitesses de plus de 100 kilomètres à l'heure, les moteurs étant couplés en parallèle.

Bien que ces résultats fussent encourageants, les études ne furent cependant pas poursuivies, et la vapeur est restée maîtresse de la situation. La locomotive J.-J. Heilmann, la *Fusée électrique*, a eu le même sort. On se rappelle que cette dernière machine était une sorte d'usine électrique montée sur roues et d'un poids atteignant 120 tonnes en ordre de marche. Le courant était produit par une dynamo à courant continu développant 1.500 kilowatts, courant qui était envoyé à des réceptrices actionnant les essieux des roues. La locomotive électrique Heilmann, essayée sur le réseau de l'Ouest, a pu remorquer, dans plusieurs expériences, des trains de douze voitures pesant 150 tonnes, à une vitesse de plus de 120 kilomètres à l'heure. Malgré cela, son usage n'a pas tardé à être abandonné, car les défauts qu'on dût lui reconnaître surpassaient ses avantages. Elle n'en marque pas moins une étape dans l'histoire de la locomotion électrique.

La traction électrique sur voies ferrées, par le second rocédé : distribution de l'énergie engendrée dans une sine centrale à une série de véhicules pourvus de oteurs électriques et se déplaçant sur rails, a donc ris une prépondérance indiscutable sur le système par ccumulateurs, et la plupart des tramways desservant s villes et les agglomérations appartiennent à cette atégorie. Seulement, le mode d'alimentation de transission du courant aux réceptrices mobiles est assez ariable, et les principaux moyens employés sont les iivants :

Tout d'abord on a envoyé le courant émanant de usine dans un conducteur aérien, le retour s'opérant ar les rails et la terre. La communication entre le oteur de la voiture et la ligne est assurée par une oulette ou *trolley*, roulant tout le long de la face inféeure du fil aérien, contre lequel cette roulette est ressée par une longue perche dont la base est munie e forts ressorts à boudin en acier montés sur une plaue à pivot, de manière à permettre à la perche et à la oulette de suivre toutes les sinuosités de la ligne sans erdre le contact.

Mais on ne tarda pas à reprocher à ce dispositif, imaginé par l'ingénieur belge Van Depoele, son manque 'esthétique dans les villes, et on songea à dissimuler fil conducteur en l'enterrant dans un tunnel souterrain u caniveau creusé dans le sol entre les rails. La preière application de ce système fut réalisée en 1885 our les tramways de la ville de Blackpool par M. Holyd Smith, puis vinrent les lignes à prise de courant ar caniveau de Siemens et Halske, à Budapest, et de homson-Houston à Paris (lignes de la Bastille à

Montparnasse et de Montparnasse à l'Étoile et à la porte d'Asnières).

Le caniveau présente le grave inconvénient de recueillir les immondices, la boue et l'eau qui pénètrent à travers l'ouverture longitudinale pratiquée pour donner passage aux frotteurs de prise de courant; de plus, son prix est très élevé par mètre courant, aussi ne tarda-t-on pas à lui opposer le système de contacts par *plots* métalliques affleurant le sol, et disposés de distance en distance, entre les rails. Dans le procédé Claret-Vuillemier, installé d'abord à Clermont-Ferrand, un distributeur envoyait le courant à chacun des plots, au fur et à mesure que le véhicule passait au-dessus d'eux ; dans celui de Diatto, appliqué d'abord à Tours, un électro-aimant est disposé à l'intérieur du plot même et c'est lui qui opère la fermeture du circuit extérieur et permet au courant envoyé par l'usine d'arriver à la réceptrice.

Pour les chemins de fer, qui sont établis dans des enceintes particulières où circulent seulement les trains, le conducteur amenant l'énergie peut être disposé sans inconvénient parallèlement à chaque voie, et à une certaine hauteur à côté de la file intérieure de rails. Telle est la disposition adoptée pour les lignes du métropolitain de Paris, dont le premier tronçon fut inauguré en 1900, pour les lignes gare d'Orsay-Juvisy, gare des Invalides-Versailles, et de nombreux réseaux en Amérique et en Angleterre.

Dans toutes ces installations, il est fait usage de courant continu à 550-600 volts de tension. Lorsque l'usine génératrice est située à une assez grande distance de la voie ferrée à alimenter, il est nécessaire de scinder le problème et d'opérer en premier lieu le transport conomique de l'énergie, lequel ne peut se faire qu'à rès haute tension, ainsi que nous l'avons expliqué dans e volume précédent. On recourt alors ordinairement aux ourants alternatifs simples ou polyphasés, que l'on ransforme pour amener à l'état de courant continu de ension convenable, dans des sous-stations pourvues le groupes de machines appelés *transformateurs tour-nants*, composés d'un moteur asynchrone et d'une dy-namo.

Les courants alternatifs peuvent être dans certaines irconstances utilisés directement dans les moteurs, sans aucune transformation préalable. On fait appel ordinairement aux courants triphasés qui fournissent alors, dans les meilleures conditions de rendement, la puissance nécessaire. L'une des premières applica-tions en grand qui a été réalisée en employant les moteurs à champ tournant, remonte à l'année 1900 et fut réalisée au fameux « trottoir roulant » qui desser-vait toute l'Exposition, de l'Esplanade des Invalides au Champ de Mars. Les expériences faites en 1904 par la maison Siemens et Halske en Allemagne, entre Zossen et Marienfelde, pour vérifier les vitesses qu'il est possible d'atteindre sur voie ferrée, sont également des plus remarquables, mais nous ne ferons que les mentionner en passant, car nous nous réservons d'y revenir dans un chapitre ultérieur.

C'est surtout pour la traction en pays de montagnes, sur les « funiculaires » à câbles ou à crémaillère, que l'électricité a fait merveille, d'autant plus qu'il est facile de l'obtenir à bas prix dans ces pays, en captant un torrent venant des hauteurs. Parmi les chemins de ce genre qui ont été mis en exploitation depuis sept ou huit ans, citons celui du mont Salève qui s'élève à 1.800 mètres, celui de Zermatt au Gornergrat, qui mesure 9 kilomètres de longueur et dépasse l'altitude de 3.000 mètres, celui du Fayet à Chamonix, celui de Stansstadt-Engelberg, enfin le chemin de fer à crémaillère de la Jungfraü qui est bien le travail le plus audacieux que l'homme ait osé entreprendre, et dans lequel il a, une fois de plus, vaincu la nature.

Dans la plupart des cas, c'est sous forme de courant continu que l'énergie électrique travaille dans les réceptrices, sauf dans certaines circonstances de distance où l'on préfère les courants triphasés actionnant des moteurs asynchrones à champ tournant. Les véhicules circulant sur les voies restent constamment en relations avec l'usine génératrice, par leur trolley ou leurs frotteurs qui leur apportent l'énergie motrice. Ils ne sont donc pas *indépendants*, et c'est pour répondre à ces deux desiderata, qu'un constructeur belge, M. Dulait, reprenant une idée émise dès 1891 par l'électricien Maurice Leblanc, a proposé d'opérer la traction des trains directement par courants polyphasés sans moteurs ni prise de courant, par un procédé qu'il appelle la *traction tangentielle.*

On sait que, dans les moteurs électriques asynchrones à courants polyphasés, aucune connexion n'existe entre l'inducteur et l'induit. Celui-ci, le rotor, n'est mis en mouvement que par le déplacement du champ magnétique, qui tourne sur lui-même comme nous l'avons expliqué dans le volume précédent. Si donc on développe sur un plan l'inducteur d'un moteur de cette espèce et que l'on suspende au-dessus de lui, dans une position convenable, son induit également développé, l'action rota-

ve du champ magnétique tournant sera transformée en
n mouvement rectiligne. Si l'inducteur développé, ou
ator, est disposé entre les rails d'une voie et si l'on
unit un véhicule du *rotor*, celui-ci se mettra en marche
uand on enverra un courant polyphasé dans le stator.
elle est, en principe, l'idée émise par M. Dulait, et qui
'avait pu jusqu'à présent être réalisée, par suite des
ifficultés d'ordre pratique rencontrées dans la mise à
xécution de ce système de traction.

Un tronçon de ligne, de 800 mètres de longueur, a
té équipé pour permettre de se rendre compte de la
ossibilité d'exploiter en grand ce procédé, et les ré-
ultats obtenus ont été, paraît-il, satisfaisants. Les cou-
ants triphasés employés pour les essais étaient à la
équence de 10 périodes, et ils étaient envoyés à la
gne des stators, lesquels étaient disposés comme des
lots, de distance en distance, par une canalisation à
aute tension (5.000 volts).

L'inventeur, qui a préconisé ce système pour la trac-
on rapide des trains, a exposé un projet mettant en
elations Bruxelles et Anvers, dont la distance serait
anchie en vingt minutes, c'est-à-dire à l'allure de
50 kilomètres à l'heure. Mais il ne paraît pas que ce
rojet ait été pris en considération. Peut-être est-il venu
vant son temps...

Tel est l'état général de la question de la traction élec-
ique en France et dans le monde entier au moment où
araît cet ouvrage. Force nous a été, dans cet histori-
ue rapide, de passer sous silence diverses autres appli-
ations connexes du moteur à courant continu ou alter-
atif, telles que le halage des bateaux, le telphérage, les
ansporteurs, etc., qui ont été réalisées au cours de ces

dernières années. Et nous ne sommes qu'encore aux débuts, puisque la transmission électrique de l'énergie est une question à peine résolue depuis vingt-cinq ans.

C'est surtout en matière de locomotion que le progrès a marché à pas de géant, et depuis l'invention de la locomotion, le temps gagné sur les voyages a constamment été en augmentant. Alors qu'en 1777 il fallait trente-deux heures pour aller à Calais, cinquante pour aller à Lyon et soixante-douze pour atteindre Bordeaux, en 907, cent trente ans plus tard, les trains rapides mettent trois heures pour Calais, huit pour Bordeaux et neuf pour Lyon. Et les automobiles ont largement battu ces temps, puisque la route de Paris-Bordeaux a été parcourue à plusieurs reprises en six heures environ. On peut penser, d'ailleurs, que la lutte entre les divers systèmes de locomotion nous ménage bien des surprises, puisque déjà les ingénieurs envisagent tranquillement la possibilité de faire circuler des trains électriques sur des voies spéciales, à plus de 200 kilomètres à l'heure, avec la même sécurité qu'à 60.

Aussi nous associons-nous pleinement aux paroles sensées de M. F. Passy dans son livre *Les Machines* : «Tous les progrès se résolvent en un véritable accroissement de la vie ; ils font place sur la terre à un plus grand nombre de créatures raisonnables, et ils donnent à ces créatures plus nombreuses une part d'existence plus grande. « L'homme, a dit un philosophe, ne saurait ajouter ni un jour à sa vie ni une coudée à sa taille. Cela est vrai, mais l'homme peut, en inventant des organes que la nature ne lui avait pas donnés, en faisant disparaître devant lui les obstacles qui arrêtaient ses pas, accroître dans des proportions incalculables la puisnce effective de ses mouvements et faire tenir dans le ême espace de temps une somme d'actes, de vie par nséquent, infiniment plus grande. Est-ce que les maines, depuis la plus petite jusqu'à la plus colossale, puis le fuseau jusqu'au banc à broches, depuis la emière pierre ramassée par le sauvage jusqu'au marau-pilon à vapeur, ne sont pas autant de membres outés à nos membres ? Est-ce que les chemins de fer, s trams électriques, les métropolitains, chaque fois 'ils nous font gagner une heure, ne nous sauvent pas e heure de notre vie ? Et l'accumulation de ces heures nsi épargnées chaque jour à des milliers et des milliers hommes ne représente-t-elle pas, au bout de l'année, s centaines et des milliers d'existences rendues disponbles pour d'autres emplois ?... »

Honneur donc aux chercheurs persévérants, aux ingéeurs habiles, aux inventeurs perspicaces qui ajoutent chaînon de plus à la suite des découvertes qui consuent le patrimoine de l'humanité et suppriment, par la pidité des communications, cet obstacle invisible quoie réel et qu'on appelle la distance !

CHAPITRE II

TRACTION ÉLECTRIQUE PAR ACCUMULATEURS

Les accumulateurs, simples réservoirs chimiques de travail électrique, peuvent être employés à bord de deux catégories différentes de véhicules : ceux roulant sur voie ferrée avec rails en creux ou en saillie, — ce qui différencie immédiatement les chemins de fer des tramways urbains, — et ceux qui circulent sur routes ordinaires, et que l'on appelle plutôt *électromobiles.* Réservant à un chapitre ultérieur l'étude de ces dernières, nous nous occuperons spécialement ici des tramways actionnés par accumulateurs.

Le système qui consiste à transporter à bord du véhicule la provision d'énergie nécessaire à son déplacement paraît tout d'abord plus avantageux que celui qui fait dépendre le fonctionnement des voitures en service de celui des machines d'une usine centrale. Il assure une indépendance complète aux voitures, il évite tout embarras sur la voie publique, tels que poteaux, consoles, tendeurs, fils, etc. Il permet la production de l'énergie à l'usine, d'une manière régulière, sans fluctuations ni à-coups, en permettant une meilleure utilisation du matériel mécanique, enfin les véhicules sont absolument autonomes puisqu'ils portent leur moteur et l'énergie pour l'alimenter, par conséquent, leur ravitaillement étant assuré, il en résulte qu'ils sont doués d'une très grande mobilité.

Malheureusement, en regard de ces avantages très sérieux, ce système présente de graves inconvénients, résultant pour la plus grande part, de la nature même des accumulateurs. On tourne, en effet, dans un cercle vicieux qui n'a pu jusqu'à présent être rompu ; lorsqu'on veut donner à un accumulateur une certaine durée, on est obligé de donner aux plaques une assez forte épaisseur, et la batterie atteint un poids considérable. Ou bien, si on veut obtenir une grande capacité sous un poids restreint, les plaques ne fournissent qu'un service assez court et l'entretien de la batterie devient très onéreux. La pierre d'achoppement est donc le poids élevé de ces magasins d'électricité et le coût de leur entretien. Ce sont ces raisons qui ont entravé l'extension de ce procédé, qui, autrement, présenterait une réelle supériorité sur ses concurrents, tels que la vapeur et l'air comprimé.

Les tramways à accumulateurs sont les premiers véhicules à traction électrique qui aient été installés à Paris sur le réseau des Tramways-Nord, de la Madeleine à Courbevoie et à Saint-Denis. Par la suite, ce système a été adopté par la Compagnie Générale des Omnibus sur les lignes du Louvre à Vincennes et au Cours de Vincennes et par la Compagnie des Tramways Nogentais. Nous donnerons sans plus tarder la description de l'agencement de ces réseaux.

La première de ces lignes a été mise à la disposition du public en 1897 ; elle emploie les accumulateurs du type dit *à charge rapide*, qui ont déjà fait leurs preuves à l'étranger, à Dresde notamment. Ces accumulateurs sont du système Tudor et *Union*. La longueur totale des voies desservant Courbevoie, Levallois et Saint-Denis atteint 23 kilomètres ; quelques rampes de 13 et même de 20 millimètres par mètre se rencontrent sur ce parcours.

Fig. 1. — Usine génératrice d'électricité pour tramways (salle des machines).

L'usine génératrice fut installée dans l'ancien dépôt de la Compagnie, le long de la Seine, à Puteaux ; elle fut pourvue de trois chaudières multitubulaires Babcock-Wilcox pouvant fournir 1.800 kilogrammes de vapeur à l'heure chacune, et qui alimentaient trois groupes électrogènes Willans-Brown, développant 225 chevaux chacun avec de la vapeur à 15 kilos de pression. Les dynamos possédaient quatre pôles et fournissaient

200 ampères, sous 600 à 650 volts, à la vitesse de 460 tours par minute.

Les gaz de la combustion, à leur sortie du foyer, passent par un économiseur servant à réchauffer l'eau d'alimentation ; ils s'échappent ensuite par une cheminée en briques de 30 mètres de hauteur. L'eau d'alimentation est celle qui vient des condenseurs.

Le courant est envoyé par des câbles ou *feeders* à des postes de recharge situés, l'un au terminus de Courbevoie, l'autre à celui de Levallois-Perret, le dernier au Pont-Bineau. La résistance électrique de chaque feeder est sensiblement la même, afin d'avoir la même perte de charge ; les câbles ont une âme de cuivre recouverte d'isolant, et une enveloppe de plomb protégée par une armature en fer feuillard. Ils sont placés en terre et parviennent souterrainement aux postes de charge situés à proximité des bureaux de contrôle, et qui affectent extérieurement l'aspect d'avertisseurs d'incendie. Une colonne en fonte ornementée supporte un coffret peint en rouge contenant la prise de courant et l'indicateur de fin de charge. La communication est établie avec la batterie de la voiture au moyen d'un câble souple contenant deux conducteurs soigneusement isolés. Pour rendre les connexions plus faciles et éviter toute erreur, les broches de contact affectent, l'une, celle qui est reliée au pôle positif, la forme d'une croix (+), l'autre, qui doit être en rapport avec le négatif, est plate (—) ; toute interversion est, de ce fait, rendue impossible.

Grâce à la présence d'un *indicateur de fin de charge* ingénieusement combiné, le wattman est averti que l'opération est terminée, qu'il peut enlever son câble et repartir. L'adjonction de cet appareil permet de supprimer toute manutention des batteries et tout échange d'accumulateurs chargés avec ceux qui sont déchargés En douze ou quinze minutes, la charge de la batterie est effectuée au régime moyen de 120 ampères, et la voiture peut exécuter un nouveau voyage.

Le courant venant de la batterie aboutit aux plots d'un commutateur bipolaire à deux directions. Suivant que les leviers de cet appareil sont rabattus et en contact avec les pinces du haut ou du bas de la plaque, la batterie est mise en relation soit avec le poste de charge, soit avec le *controller* ou combinateur. Cet agencement présente l'avantage d'éviter toute mise en marche intempestive du tramway lorsqu'il est en charge, ce qui pourrait arriver si ce combinateur était relié en permanence avec les accumulateurs. A côté du commutateur principal, se trouvent deux autres appareils analogues ayant pour but de permettre de fonctionner avec l'une ou l'autre moitié de la batterie en cas d'avarie à l'une d'elles. Le tout est renfermé dans une petite armoire, derrière le wattman.

Le combinateur, manœuvré par un levier à axe vertical, comporte une série de touches permettant d'effectuer par son déplacement suivant un arc de cercle, tous les mouvements nécessaires en cours de route. Lorsque la touche de repos a été franchie, la manette arrive sur la première touche, envoie le courant dans les deux moteurs de la voiture qui sont associés en série, et intercale dans le circuit un premier rhéostat à liquide formé d'une plaque de plomb s'enfonçant plus ou moins dans un bain de carbonate de soude.

Le démarrage de la voiture obtenu, en continuant à tourner la manette, on arrive à la deuxième combinaison : le rhéostat liquide est éliminé et remplacé par une résistance métallique disposée sous la voiture ; enfin quand la manette arrive sur la troisième touche, les rhéostats sont mis hors circuit et les moteurs sont en marche normale. Enfin en continuant de tourner, on arrive sur la dernière touche, qui change les connexions de manière à shunter en partie les inducteurs des moteurs ; la force électromotrice diminue alors et l'intensité du courant augmente dans l'induit ainsi que le couple moteur. En revenant en sens inverse, on repasse par les mêmes points, et si l'on dépasse la touche de repos, on agit sur le frein qui entre en action.

Le poids de la voiture, en ordre de marche avec cinquante-deux voyageurs, atteint 14 tonnes, et on peut lui adjoindre, les jours d'affluence, une remorque ou *balladeuse* du poids de 7 tonnes. Les moteurs, au nombre de deux, d'une puissance de 25 chevaux chacun, sont à quatre pôles avec balais en charbon ; ils sont enfermés dans un carter en fonte hermétique les protégeant contre la poussière et la boue. Une trappe permet de vérifier l'état de conservation du collecteur et des balais ou modifier le calage de ceux-ci. Chaque moteur attaque l'essieu correspondant par un seul train d'engrenages ; les pignons en cuir vert sont absolument silencieux.

La batterie d'accumulateurs est composée de 200 éléments de 18 kilos chacun ; son poids atteint donc 3.600 kg. Un élément mesure 23 de long sur 8 de large et 35 centimètres de hauteur ; il contient cinq plaques, trois négatives et deux positives, contenues dans un bac en ébonite reposant sur des semelles isolantes. Toutes les plaques sont réunies les unes aux autres par des soudures autogènes, et les bacs sont logés à poste fixe sous les banquettes en quatre rangées de 50 éléments. La batterie est constamment chargée et déchargée en tension, sans aucun couplage. Le combinateur prend le courant aux bornes de la batterie et le distribue aux moteurs de la voiture comme s'il s'agissait du courant venant d'un trolley.

Le plancher sur lequel reposent les éléments, ainsi que les compartiments qui leur sont affectés, est badigeonné d'une épaisse couche de vernis à base de caoutchouc, pour éviter toute détérioration du bois par les projections d'eau acidulée. Ce plancher et les côtés extérieurs de la voiture sont perforés d'une multitude de petits trous pour le dégagement des émanations d'hydrogène pendant la charge et l'évacuation de l'acide qui pourrait être projeté hors des bacs, lors, par exemple, d'un arrêt trop brusque.

Telles sont les dispositions générales de cette installation qui a donné, depuis l'époque de sa mise en service, des résultats assez satisfaisants pour être conservée sans grandes modifications jusqu'à présent. Le relevé annuel des dépenses d'entretien a prouvé que, dans les conditions où s'opère l'exploitation, l'usage des accumulateurs pour la traction n'est pas plus coûteux qu'avec les usines fixes, le kilowatt-heure dépensé par les voitures ne coûtant pas plus de 10 centimes.

Sur les lignes de tramways de la Madeleine et de l'Opéra à Saint-Denis, le service est effectué par des voitures à impériale couverte contenant cinquante places et pesant en ordre de marche 14 à 15 tonnes. La caisse de la voiture repose sur deux trucks articulés à ressort, et les accumulateurs, disposés sous les banquettes de l'intérieur, sont agencés de façon à pouvoir être facilement déplacés afin de permettre l'échange des batteries à chaque voyage. La batterie se compose de 108 éléments de onze plaques, avec bacs d'ébonite, et divisée en quatre groupes partiels comprenant chacun trois caisses de 9 éléments, soit 27 éléments par groupe. Le voltage de chacune de ces sous-batteries est d'environ 50 volts ; un commutateur permet d'opérer trois couplages différents : 1° en quantité ; 2° mixte ; 3° en tension, de façon à obtenir une force électromotrice de 50, 100 ou 200 volts.

Il est donc possible de faire varier, suivant le besoin, la tension aux bornes des moteurs, et par suite, leur vitesse de rotation, du simple au quadruple, selon l'effort de traction qu'il faut développer. On peut également renverser le sens de la marche en intervertissant la direction du courant dans les inducteurs, et même, en cas de nécessité, mettre hors circuit l'un ou l'autre de ces moteurs. Le service de chaque voiture est assuré par deux batteries pesant chacune 3 tonnes, et dont l'une est en charge tandis que l'autre est en travail. C'est évidemment une infériorité sur l'installation précédente où il est fait usage d'accumulateurs à charge rapide, car ce mode d'agir immobilise constamment une batterie, sans parler des frais nécessités par les manipulations et les échanges entre les caisses d'éléments à la station de charge. Quoi qu'il en soit, cette batterie de 3.000 kilogrammes est capable d'assurer sans recharge un parcours de 55 à 60 kilomètres sur voies à ornières système Broca ou Marsillon.

La charge s'opère à l'usine en plaçant les batteries sur des bancs formés de madriers goudronnés reposant sur des massifs en briques. Le transport des caisses est exécuté à l'aide de wagonnets circulant le long d'une voie Decauville et dont la plate-forme mobile affleure exactement au niveau de l'intérieur des voitures et des bancs de chargement. Il faut sept wagonnets pour transporter une batterie complète.

La charge s'effectue au potentiel de 260 volts, permettant aux éléments d'atteindre une force électromotrice de 2 volts 4 à la fin de la charge. L'intensité du courant, qui varie constamment pendant toute la durée de l'opération, ne dépasse pas cependant 2 amp. 1/2 par kilogramme de plaques. La charge est arrêtée lorsque la batterie a absorbé un nombre d'ampères-heure supérieur d'environ 17 à 18 0/0 à celui qu'elle a débité en service. Un indicateur de sens du courant annonce par le bruit d'une sonnerie que le sens tend à se renverser, ce qui donne le moyen d'arrêter l'envoi du courant au moment voulu. Une charge complète dure six heures.

Le courant de décharge est naturellement très variable et dépend du profil de la route. Sur la ligne de Neuilly, où les rampes maxima sont de 25 millimètres par mètre, l'intensité atteint 62 ampères, soit 3 amp. 5 par kilogramme de plaques; sur les lignes de la Madeleine à Saint-Denis où les pentes atteignent 36 millimètres, elle monte à 90 ampères, soit 5 ampères par kilogramme. La valeur moyenne du courant est de 35 ampères, correspondant environ à 2 ampères par kilogramme de plaques. Des intensités aussi élevées, avec de pareilles variations dans le travail total, venant se joindre aux trépidations continuelles produites par les démarrages, la route et les transbordements de batteries constituent toutefois, il faut le reconnaître, un régime des plus contraires à la bonne conservation et à la durée des accumulateurs.

Si nous en arrivons maintenant à la question des moteurs, nous dirons que, sous chaque voiture, sont suspendues deux réceptrices bipolaires à induit Gramme ou Siemens, enroulées en série et commandant les essieux par engrenages. Ces machines consomment normalement 50 ampères sous 200 volts, à la vitesse angulaire de 1.350 tours par minute, ramenée à 108 par l'engrenage de l'essieu. Les changements de vitesse sont opérés par les différents couplages entre les groupes de batteries d'accumulateurs, ainsi que nous l'avons dit plus haut, et par le couplage variable, en tension ou en quantité entre eux des moteurs.

Dans un type de voiture mis plus récemment en circulation par la même Compagnie, quelques améliorations ont été réalisées, notamment en ce qui concerne la batterie d'accumulateurs, dont le poids a été abaissé à 1.800 kilogrammes pour une même quantité d'énergie emmagasinée. Cette batterie n'est plus rangée sous les banquettes ; elle est suspendue par des cornières à quatre crochets en acier du châssis. La manœuvre, pour la mise en place de la caisse sous la voiture, est rapidement exécutée : cette caisse est amenée sur un wagonnet spécial pouvant pénétrer sous le véhicule ; on la soulève ensuite à l'aide d'un vérin jusqu'à ce que les crochets puissent être introduits dans leur logement, on la laisse redescendre et le wagonnet est retiré. Cette manœuvre ne demande pas plus de deux à trois minutes avec trois hommes, alors qu'avec l'ancienne disposition la mise en place des batteries exigeait six hommes et six minutes.

Le châssis et le truck sont rigides ; l'empattement est de 1 m. 90 ; le poids total du véhicule, voyageurs compris, ne dépasse pas 12 tonnes ; les moteurs sont enroulés en dérivation, leur puissance est de 14 chevaux et leur vitesse angulaire de 500 tours par minute. Chaque essieu est commandé par un moteur à l'aide d'un seul harnais d'engrenages à chevrons. Le rapport des vitesses est de 5 à 1 ; le freinage électrique est obtenu en intercalant des résistances décroissantes jusqu'au moment où l'induit est mis en court-circuit. Ce dispositif fournit un freinage puissant qui permet de se dispenser de l'usage des freins mécaniques. Enfin, les moteurs shunt donnent la possibilité, dans les descentes, de récupérer une certaine quantité d'énergie évaluée à 18 0/0 et qui est emmagasinée dans les accumulateurs.

Cette disposition des batteries, dans une caisse suspendue au châssis de la voiture, a été un moment reproduite par la *Compagnie des Chemins de fer nogentais* pour le parcours des tramcars dans Paris. Les accumulateurs étaient du type *Union*, dont la robustesse est très remarquable ; ils étaient rechargés pendant leur trajet *extra muros* par le fil de trolley, lequel avait dû être supprimé dans la traversée de Paris. Mais cette interdiction ayant été levée par la suite, les accumulateurs ont disparu, et les cars, notablement allégés, empruntent leur énergie motrice aux canalisations aériennes sillonnant les rues de leur itinéraire.

La traction par accumulateurs a reçu encore différentes applications à l'étranger, notamment en Allemagne et en Autriche, l'Amérique et l'Angleterre marquant une préférence pour le système à trolley aérien ou souterrain. A Berlin, les véhicules employés avaient été équipés, les uns par la Société Schuckert, les autres par les Ateliers d'Oerlikon (Suisse). Le poids de la batterie était de 1.500 kilos, pour un poids total du tram, avec vingt-six voyageurs, de 7 tonnes. Les moteurs étaient excités en série, avec résistance intermédiaire de réglage; les changements de vitesse étaient obtenus par les différents couplages des groupes d'éléments de la batterie.

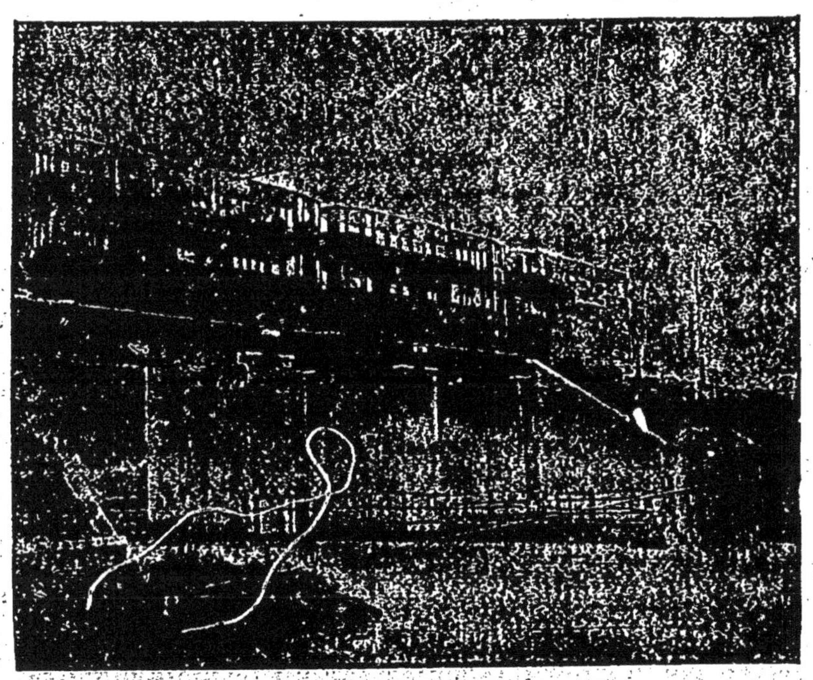

Fig. 2.— Tramways électriques mixtes à accumulateurs et à fil aérien.

Pour obtenir une circulation rapide de l'électrolyte dans les bacs d'accumulateurs, le fond des boîtes était chauffé par des tubes en forme de serpentin où circulait de l'eau chaude. La charge, commencée à 0 volt 9, se terminait à 1 volt, les électrodes de ce type d'accumulateur au zinc ne pouvant supporter une force électro-motrice supérieure. La température du bain devait être de 50° centigrades environ.

A Vienne la ligne à traction par accumulateur Hutel-dorf-Westbahn a fourni les résultats suivants :

Le véhicule est muni d'une batterie de 136 éléments dont 8 destinés à l'excitation des moteurs et à l'éclairage du car. Les 128 éléments restants forment quatre groupes de 32 éléments. Un combinateur relié aux balais de l'induit du moteur, aux quatre groupes d'accumulateurs, aux bobines et à la batterie d'excitation, permet d'effectuer le couplage de ces différents organes, de façon à obtenir toutes les vitesses, du démarrage à l'allure maximum. Deux touches spéciales assurent, l'une le freinage électrique, l'induit du moteur étant mis en court-circuit, l'autre la marche arrière à la plus faible vitesse.

Le moteur est à pôles intérieurs, d'une puissance de 15 chevaux, mais qui peut être portée, le cas échéant, et sans inconvénient, à 25 chevaux, son poids est de 650 kilos, sa vitesse angulaire normale de 530 tours par minute avec une intensité de courant de 160 ampères. Ce moteur fonctionne, suivant les divers couplages de la batterie, sous des voltages, de 25, 50 ou 100 volts ; il commande l'essieu des roues par un harnais d'engrenages en bronze phosphoreux, le rapport des vitesses est de 6 à 1, soit 88 tours des roues pour 530 du pignon moteur, ce qui correspond à une allure de 4 mètres par seconde ou 15 kilomètres à l'heure. Le poids de la voiture en ordre de marche, avec trente-deux voyageurs, est d'environ 8 tonnes, soit 5 tonnes pour la carrosserie et les accus, 800 kilogrammes pour le moteur et les transmissions, et 2.000 kilogrammes pour les voyageurs.

Nous arrêterons ici ces descriptions des lignes à traction par accumulateurs en service, pour ne pas nous répéter inutilement, et terminerons ce chapitre par quelques indications relatives aux frais d'exploitation des lignes de tramways de ce genre.

Ces frais d'exploitation diffèrent, toutes choses égales d'ailleurs, de ceux qu'entraîne la distribution par fil aérien, par une plus grande dépense d'énergie motrice, par le total des dépenses nécessitées par la surveillance, l'entretien, la manipulation et le renouvellement des batteries, déduction faite de l'entretien de la ligne aérienne. Sur les lignes de Paris, les dépenses annuelles, évaluées par voiture-kilomètre, sans comprendre les amortissements, ont été celles-ci :

Production de force motrice (par voiture-kilomètre) . .	0 fr. 1841
Entretien et manutention des accumulateurs	0 1652
Entretien des châssis et des moteurs	0 0918
Personnel de conduite	0 0788
Dépenses diverses	0 0090
Frais généraux	0 0133
Total	0 fr. 5422

Dans l'année, chaque voiture parcourt 47.000 kilomètres, soit 15.000 par kilomètre de ligne. Le kilomètre-voiture nécessite la production, à l'usine, de 564.000 kilogrammètres pour un travail de 170.000 kilogrammètres disponible aux jantes des roues et réellement utilisé : le rendement entre le travail utile et celui qui est dépensé ressort donc à 30 0/0, ce qui constitue un résultat économique assez médiocre.

Les frais d'entretien et de renouvellement des batteries d'accumulateurs sont assez élevés. Les plaques positives doivent être réempattées après un parcours de 15.000 à 20.000 kilomètres ; les plaques négatives ont une durée quadruple. En évaluant le prix de l'opération à 1 franc par kilogramme d'électrodes, le prix de revient du kilomètre-voiture se trouve grevé, de ce seul chef, de 0 fr.10, non compris les frais de surveillance et d'entretien. On peut donc estimer à 0 fr. 15 environ par kilomètre-voiture la plus-value de frais d'exploitation qui provient de la nature des accumulateurs. Cette dépense considérable constitue le point faible du système de traction avec accumulateurs, et elle peut même s'élever au point de rendre toute exploitation impossible, comme le fait s'est produit pour les tramways électriques de Birmingham en 1891 où la perte atteignait 14 centimes par voiture-kilomètre.

A New-York, en 1896, on a relevé les dépenses suivantes pour une ligne de cars desservant l'Avenue Centrale de cette ville :

Combustible	0 fr. 155	
Personnel	0 170	
Entretien des accumulateurs. .	0 059	
— moteurs. . . .	0 010	
Dépenses diverses	0 005	
Total.	0 fr. 290	par kilomètre-voiture.

En ce qui concerne les tramways de Vienne dont nous avons parlé plus haut, et où il était fait usage d'accumulateurs du type Waddel-Entzy, à zincate de potasse et oxyde de cuivre, on peut enregistrer les résultats suivants, l'exploitation comportant soixante voitures d'un poids de 9 tonnes 5 à vide, faisant 150 kilomètres par jour, soit 328.500 kilomètres-voiture par an :

Personnel	0 fr. 015	Report.	0 fr. 073
Charbon	0 033	Entretien des moteurs .	0 004
Graissage	0 003	— accumulateurs	0 013
Chauffage et éclairage .	0 005	Amortissement. . . .	0 085
Assurances	0 017	Intérêts du capital engagé	0 039
A reporter . . .	0 073		0 214

Cette dépense par voiture-kilomètre est la plus faible qui ait été enregistrée ; elle est surtout très inférieure à celle constatée dans d'autres villes. Il est vrai, toutefois et on doit le reconnaître, qu'avec le temps et l'expérience, le prix de revient de l'unité,la voiture-kilomètre, s'est sensiblement abaissé, aussi bien sur les réseaux parisiens que sur ceux de l'étranger, et qu'il oscille entre 25 et 50 centimes dans la plupart de ces cas.

Si maintenant nous voulons nous résumer et conclure sur cette question de la traction électrique par accumulateurs, nous dirons que le poids de ces derniers appareils ainsi que leur entretien constituent évidemment une pierre d'achoppement qui, dans bien des circonstances, limite leur emploi, car ils alourdissent considérablement les voitures et sont une source de dépense élevée. Mais en revanche, ils donnent aux véhicules une indépendance précieuse ; ceux-ci ayant leur provision d'énergie motrice peuvent circuler sans être constamment rattachés par un fil à leur générateur d'électricité. Une preuve éclatante des avantages réels que l'accumulateur, si imparfait qu'il soit, présente pour la traction, nous est d'ailleurs donnée par l'application qui en a été faite à la locomotion sur routes ordinaires, application qui a pris en peu d'années un extraordinaire développement et à laquelle nous consacrerons le prochain chapitre. Et, finalement, nous dirons qu'en matière de traction, l'accumulateur peut fournir des résultats avantageux lorsqu'on l'applique à une catégorie spéciale de véhicules, et que si, pour les tramways et les chemins de fer, la ligne aérienne, souterraine, ou à niveau du sol est plus économique, la batterie secondaire est indispensable pour les voitures désirant avoir une autonomie complète, ainsi qu'on s'en convaincra par la lecture du chapitre qui suit.

CHAPITRE III

LES ÉLECTROMOBILES

L'application de l'énergie électrique à la traction sur route fut, on peut le dire, une des premières formes de l'automobilisme moderne ; toutefois ses progrès furent assez lents, en raison des difficultés nombreuses que présentait l'adaptation de ce genre de force motrice, et qui entravèrent au début les efforts des inventeurs.

C'est surtout dans le choix de la source d'électricité que résidait le plus sérieux obstacle ; en 1887, à l'époque où l'on commençait à s'occuper de locomotion routière, les seuls modèles d'accumulateurs alors dans le commerce étaient d'un tel poids que l'aménagement d'une batterie ayant quelque capacité était presque impossible. Et ce fut là la principale raison qui empêcha la réussite pratique des premières voitures électriques à accumulateurs, un moment appelées « accumobiles » par le professeur Hospitalier, qui n'avait pas été heureux comme parrain dans cette occasion, on en conviendra. Tel fut le sort des voitures de ce genre, construites de 1887 à 1894 par MM. Pouchain, Carli, Cummings, Garrard et Blumfield, Blanche, Bogard et de Graffigny, ce dernier avec des piles primaires au lieu d'accumulateurs qu'il avait jugés trop encombrants, bien que plus économiques.

Le véritable créateur de l'électromobile actuelle est le carrossier parisien bien connu Jeantaud, qui s'attaqua à la solution du problème dès l'apparition des accumulateurs à formation artificielle par Faure, c'est-à-dire en 1881. Ces premiers générateurs ne possédaient qu'une capacité de 5 ampères-heure par kilogramme de plaques ; c'était absolument insuffisant, et, à mesure que l'accumulateur se perfectionna, M. Jeantaud s'empressa de l'expérimenter. En 1892, cette capacité était doublée, avec les accumulateurs multitubulaires Tommasi, et le véhicule put parcourir d'une traite 12 kilomètres en terrain varié, ce qui fut considéré comme un résultat magnifique. En fait, il permettait d'espérer mieux, et, en effet, bientôt les batteries « Fulmen » donnaient 18 ampères-heure au kilo, et la voiture parcourait 25 kilomètres, enfin, en 1895, alors que la capacité atteignait 22 ampères-heure, une voiture fut équipée pour prendre part à la première course d'automobiles de Paris à Bordeaux et retour. Avec 15 batteries de relais disposées le long de la route, les 600 kilomètres du parcours furent franchis à la vitesse moyenne de 16 kilomètres à l'heure. Cette démonstration coûta 40.000 francs au syndicat qui l'avait organisée, mais elle fournit la preuve que la locomotion électrique sur routes n'était nullement une chimère, et que, bien au contraire, elle était parfaitement pratique, dans un rayon déterminé toutefois, ce qui la différenciait nettement de l'automobile à pétrole qui commençait à conquérir la route.

En 1898 un essai de fiacres électriques à accumulateurs fut tenté par la Compagnie des Petites-Voitures de Paris, et une usine de chargement fut organisée rue du Pilier à Aubervilliers. Mais l'entretien des batteries pour de modestes voitures de place fut reconnu bientôt comme trop onéreux et l'exploitation fut arrêtée au bout de quelque temps. Depuis lors, l'électricité n'est plus employée que pour les voitures particulières devant circuler seulement à l'intérieur de la ville et dans un faible rayon autour de la station de rechargement.

L'automobilisme cependant se développait de plus en plus, malgré les imperfections et les inconvénients inhérents à la machine à pétrole. Frappés des avantages indéniables de l'électricité, certains ingénieurs revinrent à cette source d'énergie si souple et si maniable, et quelques-uns parvinrent alors à établir des véhicules pouvant réaliser avec le système à la mode.

Parmi les avantages de l'électromoteur et qui militent en faveur de son application à la locomotion, il convient de remarquer son extrême souplesse d'action, son fonctionnement absolument silencieux, l'absence dans son mécanisme de toute transmission compliquée. changements de vitesse, embrayage, différentiel, etc. Comme la partie mobile du moteur électrique est entièrement symétrique et équilibrée, que son mouvement est circulaire dans les deux sens, et qu'il ne présente aucune pièce soumise à des efforts alternatifs et de sens variable, sa marche est exempte de chocs et de vibrations. Son rendement est très élevé, enfin sa manœuvre est extrêmement simple et n'a besoin que d'un appareillage modique, qu'il est facile d'entretenir et de vérifier.

Tout le problème consiste dans le choix judicieux et l'agencement de la source d'électricité. Or, les piles primaires étant éliminées pour cet usage. en raison de manipulations constantes qu'elles exigent et surtout du prix de revient inabordable de l'unité de travail, il reste donc plusieurs solutions pour l'alimentation de l'électromoteur d'une automobile :

La génération, sur le véhicule même, du courant électrique nécessaire, à l'aide d'un groupe électrogène formé d'une dynamo et d'un moteur à pétrole ;

Ou le transport d'une batterie d'accumulateurs dont la décharge assure l'alimentation ;

Ou encore une solution mixte supposant l'emploi simultané d'une installation génératrice autonome et d'une batterie d'accumulateurs en dérivation ou en substitution.

Ces trois procédés peuvent se ramener, en somme, à la traction directe par l'électricité ou avec interposition d'une batterie-tampon, soit à une simple transmission de force où l'électricité remplace les engrenages, cardans, arbres rigides, changement de vitesse, etc. Chacun d'eux a reçu la sanction de l'expérience, mais, tandis que l'électromobile à accumulateurs comme unique source de courant devait se limiter au service des villes, et revenir obligatoirement à sa station de charge après un parcours limité, le système à groupe électrogène sans accus permettait de réunir les conditions nécessaires pour constituer des voitures de tourisme et lutter victorieusement, pour les longs parcours, avec les autos à moteur tonnant.

La raison majeure est que l'on a beaucoup moins besoin, dans ce cas, de la batterie d'accumulateurs ; les modèles de Jenatzy et de Pieper dont la durée a été éphémère, comportaient une station génératrice : moteur à pétrole accouplé à une dynamo, dont le courant était envoyé aux moteurs électriques, et une petite batterie-tampon disposée en dérivation pour se charger pendant les moments où toute la puissance utile du groupe moteur-dynamo n'était pas dépensée, et se décharger aux moments opportuns, pour aider à l'insuffisante puissance du groupe, par exemple pendant l'ascension d'une côte. La capacité, et par suite le poids de cette batterie à fonctionnement intermittent, peuvent être, cela se conçoit, sensiblement réduits, dans ces circonstances.

L'électromobile de M. Ch. Mildé comporte l'application d'un principe tout différent de celui-ci. C'est la batterie qui est alors la source normale et principale d'énergie. Un groupe électrogène de faible puissance lui est adjoint et sert à recharger la batterie, soit aux arrêts, soit en cours de route. Ce groupe peut également être mis en parallèle avec la batterie aux moments des débits de valeur maximum.

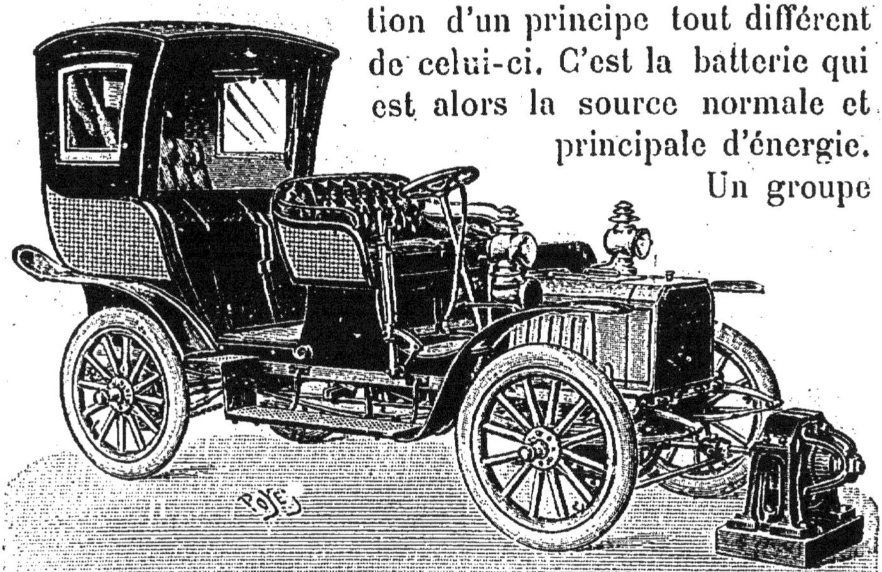

Fig. 3. — Électromobile Ch. Mildé avec son moteur à pétrole travaillant sur une dynamo pour applications domestiques.

Cependant l'inconvénient de ces méthodes n'est pas

dans le recours à l'énergie électrique, mais dans le choix de l'agent qui la véhicule. Les accumulateurs, en dehors du service de ville, sont des instruments peu aptes à de grands parcours et à de grandes vitesses, surtout en les faisant travailler par violents à-coups suivis de recharges intenses.

Les véhicules qui en sont munis ne peuvent dépasser un certain rayon ; ils sont assujettis à la recharge et demeurent attachés aux usines productrices de la force par un invisible lien, dont personne n'a pu s'affranchir jusqu'à ce jour.

Il paraît donc acquis, au point actuel de l'industrie, que leur utilisation est limitée comme source principale ou accessoire d'énergie, soit qu'ils remplissent le rôle de groupe électrogène, soit qu'ils s'en tiennent à celui de régulateurs automatiques permettant une vitesse sensiblement constante à la voiture.

M. Krieger a justement pensé que l'usage de tels appareils d'une régulation par à peu près ne se justifiait pas et, adoptant le système de la production à bord par groupe électrogène du courant moteur, a nettement supprimé les accumulateurs. Naturellement, la voiture Krieger, ainsi réalisée, ne dispose plus du renfort que des accumulateurs pourraient passagèrement fournir aux moments des forts débits, et cette voiture, devant marcher à *puissance constante,* ne peut plus *marcher à vitesse constante* sur des profils à déclivités variables. Cependant, les valeurs de la *puissance moyenne utilisable* et de la *vitesse moyenne utilisable* sont tout à son avantage, parce qu'elle se trouve complètement déchargée du poids mort extrêmement considérable qui correspond à la batterie d'accumulateurs. Cette légèreté perıet, en palier, d'atteindre, à égalité de consommation, ne vitesse bien supérieure, ou, à égalité de vitesse, de 'exiger qu'une puissance bien inférieure. De même, en ampe, la voiture Krieger peut également bénéficier de a plus grande légèreté, relativement aux efforts résis-nts proportionnels au poids et dus à la valeur de inclinaison de cette rampe. En résumé, une voiture Krieger marchera à une vitesse moyenne supérieure à elle d'une voiture de même puissance comportant des ccumulateurs, et elle consommera moins.

Le but que s'est proposé M. Krieger est le suivant : naintenir une puissance et une vitesse constantes au noteur mécanique commandant la dynamo génératrice, naintenir une puissance électrique W constante aux ornes de celle-ci, quelles que soient la variation du ouple résistant, et l'intensité de courant absorbé par es électromoteurs. La puissance électrique W créée ux bornes de la génératrice étant fonction de sa diffé-ence de potentiel E et de son intensité de courant I, e la forme W = EI ; pour maintenir le produit W onstant en présence des variations de I, la force élec-romotrice E devra subir par régulation automatique des ariations inversement proportionnelles.

C'est cette solution qui a été adoptée par la Société Krieger par l'utilisation d'un procédé très ingénieux 'enroulement *série différentiel*.

Dans la dynamo génératrice Krieger, le champ induc-eur est en effet le produit :

1° D'une excitation en dérivation dont la puissance arie proportionnellement à la différence de potentiel ux bornes de la génératrice ;

2° Une excitation *démagnétisante*, produite par quelques spires en *série* sur le courant total, c'est-à-dire dont la puissance est directement proportionnelle aux valeurs W = EI de ce courant ;

3° Une excitation indépendante, fournie spécialement par une légère batterie d'accumulateurs de 30 à 40 kilogrammes, excitation pratiquement constante et *magnétisante* dans le même sens que la première.

Cette dernière excitation a pour but de parer aux éventualités de désamorçages, qui sont possibles avec les excitations dérivées aux moments où des surcharges brusques et considérables font tomber la tension aux bornes. Cette batterie d'accumulateurs peut, de plus, par un artifice spécial, servir à *lancer* le groupe électrogène lors de la mise en marche, en débitant sur la génératrice, qui fonctionne alors en moteur compound et entraîne le moteur thermique.

Afin de pouvoir faire varier dans de certaines limites la valeur de la démagnétisation et, par suite, celle de la régulation automatique de la puissance, l'enroulement démagnétisant, constitué par un nombre de spires, légèrement supérieur à celui strictement nécessaire, est limité par une résistance très faible, sur laquelle on peut agir. Enfin, dans le cas de profils en rampe particulièrement accentués, dont l'ascension risquerait de déterminer des consommations de courant en dehors des limites de la régulation, un contrôleur de couplage permet de grouper les moteurs en série, au lieu de la marche en parallèle qui est ordinairement employée.

En résumé, le fonctionnement de l'ensemble est celui-ci :

1° Un moteur thermique à essence, travaillant d'une façon constante à sa puissance maxima et commandant ıne dynamo génératrice travaillant également à vitesse ›t puissance constantes et à intensité et voltage variaıles, fournissant du courant à

2° Des électromoteurs couplés en parallèle ou en ›érie, travaillant à une puissance constante et à vitesse ›ariable.

Il est clair que le seul moyen de faire varier la vitesse

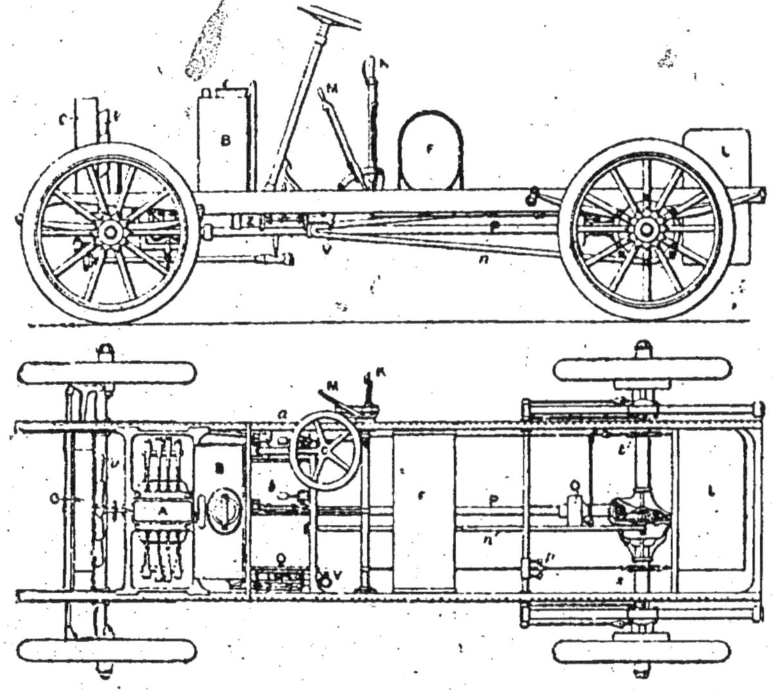

Fig. 4 et 5. — Elévation et plan d'une voiture Krieger.

'un tel ensemble, indépendamment du réglage automaque qui est le fait des différences de densités de counnt exigées par les différents profils du parcours, est 'agir en modifiant la puissance du moteur par étranlement de l'admission du mélange tonnant dans le ylindre. Il s'établira, pour chacune des valeurs d'admision de ce mélange, un état d'équilibre oscillant du système moteur conforme aux données exposées plus haut et dont la répartition se fera automatiquement.

Si l'étranglement de l'admission prend une valeur telle que la différence de potentiel aux bornes de la génératrice soit au plus égale aux pertes en circuits, les électromoteurs s'arrêteront, mais la génératrice et le moteur thermique continueront de tourner, et l'on pourra remettre en marche à la moindre augmentation de vitesse du moteur thermique, lequel ne risque donc jamais d'être calé.

On voit, par ce rapide exposé, combien est souple, en même temps que précis, simple et sûr, un pareil mode de transmission de mouvement permettant l'obtention de *toutes* les vitesses intermédiaires entre la maxima et la minima, avant ou arrière, sans aucun engrenage et laissant à chaque roue toute son autonomie.

Il semble, à première vue, assez illogique de recourir à l'intervention de deux organismes électriques, générateurs et moteurs, interposés entre les forces mécaniques initiales et finales du moteur thermique et de la rotation des roues. Il semblerait que l'on dût perdre sur le rendement, ou tout au moins que la complication des installations risquât de l'influencer défavorablement. En pratique, il n'en est rien, tout au contraire. Des expériences précises fixent à 80 0/0 le rendement d'une voiture Krieger, de l'axe du moteur à la jante des roues, alors que les voitures purement mécaniques atteignent à peine 60 0/0.

Et ce chiffre se rapporte, il ne faut pas l'oublier, à des voitures neuves possédant l'intégrité parfaite de toutes leurs pièces et leur ajustage de fabrique, conditions qui ne se maintiennent pas bien longtemps dans ces véhicules, et qui, lorsqu'elles ont disparu, amènent une baisse souvent hors de toute proportion, du rendement primitif. Au contraire, les transmissions électriques ne s'altèrent nullement, quel que soit l'usage qu'elles aient fait et on peut affirmer qu'après six mois d'usage elles présentent un rendement un tiers supérieur à celui d'une transmission purement mécanique, même consciencieusement entretenue, car l'usure rapide de celle-ci amène une perte sensible de force.

La question de la majoration de poids est en réalité de peu d'importance, car elle est assez faible. Quant à celle du prix de revient plus élevé, elle est compensée par l'économie de consommation résultant : 1° de la marche plus économique du moteur thermique travaillant d'une façon constante et généralement à pleine puissance ; 2° de l'amélioration du rendement organique de la transmission du mouvement. Ces conclusions ne sont aucunement en désaccord, d'ailleurs, avec les lois de la mécanique, et la supériorité des transmissions électriques sur tous les autres procédés cinématiques est solidement établie.

Ajoutons, pour terminer, que la consommation de liquide carburant dans la voiture mixte pétroléo-électrique Krieger modèle 1906 était d'environ 20 litres par 100 kilomètres et que la vitesse pouvait être portée à 80 kilomètres à l'heure. Ce sont là des résultats qui se passent de commentaires et sont à mettre en parallèle avec ceux fournis par les voitures pourvues simplement d'une batterie d'accumulateurs.

C'est également le but que s'est proposé M. Ch. Mildé dans l'établissement de ses landaus et landaulets électriques, qui peuvent exécuter de très longs parcours les rendant propres au grand tourisme, grâce à la présence d'un groupe électrogène travaillant constamment à reconstituer la charge de la batterie sans s'occuper de la marche même de la voiture, c'est-à-dire travaillant aussi bien pendant la marche que durant les arrêts, soit dans la remise, soit sur la route, alors que le voya-

FIG 6. — Landaulet électrique.

geur déjeune ou dîne. La batterie d'accumulateurs, dans ce système, est prépondérante ; le groupe électrogène constitue l'appareillage de secours ; c'est donc l'inverse du système précédent. Cette considération permet de se rendre compte de ce que l'on peut obtenir avec une voiture ainsi agencée.

Dans la ville, on utilise les accumulateurs seuls ; ils permettent d'exécuter un parcours de 50 kilomètres sans recharge, et le propriétaire de la voiture peut même enlever du châssis le groupe générateur s'il n'a pas de trajets supérieurs à effectuer pendant un certain temps, en hiver par exemple. Si,ensuite, on veut que le véhicule soit capable d'effectuer de plus longs voyages, et devienne réellement autonome, il suffit de le remonter sur le châssis, ce qui ne demande pas plus d'une heure de travail. Un générateur pesant 180 kilogrammes avec sa dynamo et son appareillage fournit environ 4 chevaux, c'est-à-dire un courant de 22 ampères. La voiture chargée de trois voyageurs consommant,à l'allure de 22 kilomètres à l'heure, 42 ampères, la batterie, préalablement chargée, devra débiter les 20 ampères complémentaires et mettra 6 heures à se vider. Ceci tient au fait que la dynamo génératrice, le moteur électrique et la batterie d'accumulateurs sont groupés en parallèle, de sorte que le courant de la dynamo passe directement dans le moteur. La consommation d'énergie n'a rien d'exagéré quand on songe que la voiture pèse à vide 1.600 kilos. Ces six heures de marche assurent un trajet de 130 kilomètres.

Pour aller plus loin encore, nous remarquerons que, pendant chaque heure d'arrêt, le groupe continuant à fonctionner fournit 22 ampères à la batterie, soit 11 kilomètres par heure d'arrêt, en sorte que le chauffeur qui devra emmener par la route la voiture pourra, avec les heures consacrées à ses repas, effectuer 220 kilomètres en 14 heures. Une fois rendus à la campagne, les accumulateurs peuvent être rechargés par le groupe en faisant travailler celui-ci dans la remise pendant 6 heures de temps. Après cela, la voiture sera prête, soit à faire 50 kilomètres électriquement, soit à faire 132 kilomètres avec le secours du groupe.

La conduite est la même que celle d'une voiture électrique ; les 9 vitesses avant, les 3 vitesses arrière, les deux freinages électriques s'obtiennent par la simple manœuvre de la manette du combinateur. Les vitesses obtenues sont également les mêmes et ne dépassent pas 28 kilomètres à l'heure. Les descentes s'effectuent sur les deux positions de récupération, permettant de descendre les côtes, soit à 18, soit à 25 kilomètres à l'heure, sans crainte que jamais la voiture ne puisse dépasser ces vitesses, si fortes que soient les pentes. Dans ce cas, le moteur devient générateur, prenant de la force à la voiture et rechargeant les accumulateurs.

Maintenant, disons quelques mots sur l'équipement électrique du groupe. La dynamo est à quatre pôles, elle a ses inducteurs fixés directement sur le carter du moteur à pétrole afin de supprimer en grande partie les vibrations du groupe.

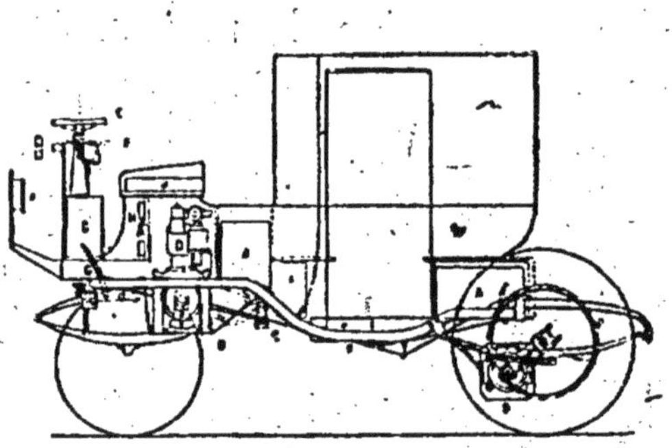

Fig. 7. — Voiture Mildé (Schéma).

La dynamo a été étudiée de façon à donner 1.000 tours, quel que soit le voltage, dans les limites d'utilisation de 75 volts à 110 volts ; ceci est fait pour que, lorsque la voiture démarre, la chute de potentiel qui en résulte ne produise pas un à-coup sur la vitesse du moteur à pétrole ; sans cela ce dernier se trouverait ralentir de vitesse d'une façon

.i brusque qu'il pourrait en résulter un décalage de ses ·olants intérieurs.

Les voitures électriques Mildé ont été très appréciées ; e type de *petit coupé à avant-cab*, surtout (fig. 3), a conuis la faveur du public et nous en devons encore dire n mot. La forme très particulière de son avant le diffé-encie des autres systèmes ; le conducteur est surtout ien garanti contre les intempéries, la pluie et le froid. l est assis à l'avant, sans cependant gêner le regard es voyageurs placés derrière lui, et les sièges de ceux-i sont très confortables.

Le but que le constructeur a cherché à atteindre avec e modèle est complètement différent de celui des pré-édents ; il consiste à essayer de réduire au minimum es frais d'entretien de façon à faire de cette voiture plu-ôt une voiture de service qu'un véhicule de luxe. L'éco-omie est obtenue par l'emploi d'un nouveau moteur vec transmission par chaîne ; le rendement élevé de cet gencement donne la possibilité de n'employer qu'une atterie relativement faible : 100 ampères-heure assu-ant un parcours de 50 kilomètres.

La voiture postale créée par le même électricien pour e service des postes à Paris n'est pas moins originale ; 'ailleurs elle est basée sur le même principe. Quinze pécimens de ce système ont été établis, et douze sont ontinuellement en service, y compris les dimanches et ètes ; et non seulement elles n'ont pas de repos, mais lles parcourent journellement 75 kilomètres, ce qui eprésente au bout de l'année le joli total de 27.000 ki-omètres. Leurs conducteurs auront certainement battu e record de l'espace parcouru annuellement, et c'est le lus probant et le plus convaincant de tous les records.

La forme générale de la voiture et sa décoration rappellent celles des tilburys et fourgons actuellement en usage. Le conducteur et le convoyeur de l'Administration sont assis sur un siège élevé pour bien voir la route devant eux, profiter des espaces libres et surveiller facilement leur précieux chargement, même derrière. L'accès de la caisse se fait d'une part sur le dessus, par une trappe pour le remplissage ou les échanges de sacs, et d'autre part à l'arrière par une porte pour le vidage complet, aux gares par exemple.

La caisse, elle-même, donne une capacité utilisable de 1 mètre cube et demi ce qui correspond à une charge de 600 kilos lorsqu'elle est pleine.

Les caractéristiques de la voiture sont : voie, 1 m. 44 ; essieu directeur à chapes, avec fusées de 45 millimètres ; essieu moteur droit avec fusées de 48 millimètres ; roues avant, 820 millimètres ; roues arrière, 920 millimètres ; empattement, 1 m. 60 ; poids à vide, 1.800 kilos ; un seul frein intérieur à ruban extensible écarté par une came, agissant avec la même puissance dans les deux sens de marche ; direction démultipliée de 4, obtenue simplement par un pignon agissant sur un secteur denté mobile dans un plan vertical.

Les accumulateurs sont mis dans une caisse unique contenant 44 éléments Heinz de 150 AH. Cette caisse pleine pèse 650 kilos ; elle doit cependant, lorsque les accumulateurs sont déchargés, être enlevée et remplacée par une autre chargée et ce en cinq minutes. Aussi a-t-il fallu prendre des dispositions particulières. Pour cela la caisse d'accumulateurs est logée à l'avant de la voiture, sous les pieds du conducteur, et elle va jusqu'au moteur.

Fig. 8. — Voiture électromobile Mildé pour le transport des sacs de lettres.

Elle repose sur quatre rouleaux fixés au châssis sur lesquels elle peut rouler, en sorte que pour avoir la batterie il suffit de la tirer par les deux poignées fixées à l'avant, de la recevoir sur un chariot de hauteur variable et convenable, qui servira à transporter sur le banc de charge et à rapporter la batterie chargée.

Au point de vue de la vitesse, l'Administration a imposé une allure de 18 kilomètres à l'heure, compris les ralentissements par encombrement de la voie. Pour obtenir cette allure moyenne, les trois dernières vitesses du combinateur, celles qui doivent être constamment employées, même en côte, donnent les vitesses de 10, 14, 28 kilomètres à l'heure.

La pratique a montré qu'il était possible d'atteindre et même de dépasser considérablement cette moyenne.

Le moteur comporte deux induits indépendants mécaniquement, se déplaçant dans le champ produit par un seul inducteur.

Les induits sont bobinés en tambour en série à deux couches. Le nombre de lames au collecteur est de 57. La commutation a été très soigneusement étudiée, et en fait on est arrivé à supprimer toute étincelle au collecteur, même en récupération et en freinage électrique ; les collecteurs et les charbons durent éternellement. Il est à noter que c'est toujours par là que périssent les induits.

Le champ magnétique se ferme d'un induit sur l'autre en passant par les barres de fer de Suède rondes, qui relient les masses polaires.

Les bobines inductrices sont placées sur les masses polaires, c'est-à-dire le plus près possible des induits, afin d'éviter les pertes par dispersion, qui se produiaient fatalement par les pièces métalliques du châssis.

La disposition des deux induits dans le même champ un avantage très important, car, dans le couplage les induits en tension, le couple donné par chaque moteur est le même, puisque le courant qui les traverse st le même. Le moteur est donc un différentiel parfait, t dans les couplages des induits en parallèle on est ertain de l'équilibrage des deux induits, car les champs tant les mêmes la force contre-électromotrice est la ıême, et le courant pris par chacun des induits est ussi le même.

Ce dernier point est très important et constitue un chec sérieux à l'emploi des deux moteurs séparés. En ffet, si les champs magnétiques sont de réluctance ifférente, des excitations constantes produisent des hamps différents. Lorsque les moteurs sont excités en érie, on obvie en partie à cet inconvénient en montant hacun des induits en tension avec l'inducteur correspondant. Alors le moteur présentant le champ le plus ible aurait une moindre force contre-électromotrice, intensité du courant qu'il prendrait serait plus forte, 'où renforcement de l'excitation et du champ. L'équibrage se produit alors plus facilement. Lorsque les oteurs sont excités en shunt, ce déséquilibrage peut evenir énorme pour des moteurs mécaniquement idenques. Ce déséquilibrage a, comme grave inconvénient, fatiguer un des moteurs aux dépens de l'autre, ce ıi amène sa détérioration, puisqu'ils sont normalement évus pour se partager également la charge. De plus, par un échantillonnage judicieux fait par le constructur parmi une série nombreuse, les moteurs d'une ême voiture sont équilibrés, on risque fort, en cas de remplacement de l'un des moteurs, de ne pouvoir plus retrouver son semblable, il n'y a plus d'interchangeabilité possible.

Dans le moteur étudié ici, même fonctionnant en shunt et en récupération, l'équilibrage s'est toujours montré absolu.

L'excitation est compound, la série est enroulée en bande de cuivre rouge. Le fil d'excitation shunt est de 7 ou 8 dixièmes de millimètre. Vu l'emplacement considérable dont on dispose pour les bobines, il a été possible de réduire la perte ohmique de ces enroulements.

La perte par frottement y compris l'arbre intermédiaire, celle par courants de Foucault et hystérésis cumulés, représentant la perte à vide, est de 4 amp. 5 pour l'excitation, et avec le nombre de tours normaux. Ce résultat est obtenu par un emploi rationnel du fer d'induit et une bonne répartition du flux.

Les porte-balais, qui comportent chacun deux charbons, sont réglables pour faciliter la montée et la descente de ces charbons dans leur gaine et éviter ainsi le faux rond du collecteur résultant des secousses communiquées par le véhicule à la machine. La consommation normale de ces moteurs est de 35 à 40 ampères, mais ils peuvent supporter impunément 180 ampères sans s'échauffer. La limite de la consommation, pour assurer la conservation de la batterie, est de 100 ampères ; ce débit n'est atteint que sur des côtes de 7 0/0, les deux induits étant couplés en parallèle, ce qui est préférable à tous égards, pour ne surmener ni ces organes, ni les accumulateurs.

Les rendements obtenus avec ce genre de couplage

sont toujours supérieurs à 85 0/0, aux différents régimes de marche de la voiture et ils atteignent 90 0/0 en marche normale en palier, à l'allure de 20 kilomètres à l'heure. Le poids total de ce moteur, avec ses engrenages et ses pignons de chaîne, ne dépasse pas 250 kilogrammes ; son remplacement, en cas d'accident ou de réparation urgente, ne demande pas plus d'une heure. La visite des collecteurs est aisée : elle peut s'opérer de l'intérieur même du coffre à dépêches ou par-dessous le châssis ; malgré que les deux moteurs soient réunis en un seul, ils n'en gardent pas moins chacun leur indépendance, au point que si, par suite d'un accident à un collecteur ou à un induit, une moitié du moteur différentiel se trouve immobilisée, l'autre suffit pour continuer à entraîner le véhicule.

La transmission du mouvement du moteur électrique aux roues est opérée par deux chaînes Galle ordinaires ; les arbres des paliers reçoivent le mouvement des induits par un engrenage démultipliant de 1 à 3. Il y a de la sorte deux réductions de vitesse entre le moteur et les roues, et cette disposition est très avantageuse à tous égards.

Nous nous sommes laissé entraîner à décrire minutieusement cette voiture qui présente, comme l'automobile pétroléo-électrique Krieger, des particularités intéressantes, dans le but de mettre en relief ces particularités. Nous parlerons maintenant d'une disposition non moins originale et qui a reçu, depuis son apparition, d'assez nombreux usages : la roue motrice électrique.

Dans tous les systèmes de voitures électriques, la transmission aux roues de la puissance électrique des accumulateurs se fait par des moteurs à grande vitesse

(800 à 1.200 tours environ par minute), reliés aux roues par des chaînes et des pignons ou par des pignons et des engrenages.

On a adopté, jusqu'à ce jour, cette disposition, afin de ne pas augmenter dans des proportions exagérées le poids des moteurs électriques, mais ce système n'en présente pas moins les inconvénients suivants :

1° Les pignons, chaînes et engrenages absorbent en pure perte une force notable d'énergie; cette absorption de force peut aller jusqu'à 25 0/0 au début et ne fait qu'augmenter à l'usage. Il en résulte un surmenage progressif de la batterie qui diminue d'autant son utilisation;

2° Les engrenages, pignons ou chaînes doivent être changés périodiquement, ce qui entraîne une dépense assez élevée et des immobilisations de matériel ;

3° De plus, l'emploi de chaînes, de pignons et d'engrenages, quelle que soit la perfection avec laquelle ces différents organes peuvent être construits, produit toujours un ronflement qui s'accentue avec l'usure de ces organes. Ce ronflement enlève, en grande partie, les charmes de la voiture électrique ;

4° L'échauffement exagéré des moteurs limite leur action.

Les véhicules électriques actuels ont un faible rendement à la jante ; ce fait, joint aux pertes considérables dans les organes de transmission, nécessite des batteries très importantes qui augmentent considérablement le poids des voitures, ainsi que leur prix, et rendent, dans certains cas, la voiture d'un usage fort peu économique. C'est à ces divers desiderata que répond la « roue motrice électrique » créée en 1905 par la Société l'*Électromotion*, et qui a montré d'évidentes qualités pratiques.

Les châssis des voitures agencées d'après ce système présentent une forme cintrée et sont en bois armé ou en tôle d'acier emboutie ; ils permettent d'adapter toutes les carrosseries par suite de l'absence de tout organe mécanique par-dessus, par-dessous ou sur les côtés. La direction à volant est inclinée et irréversible. Elle porte, située au-dessous d'elle, la manette du combinateur.

Le changement de vitesse possède cinq positions de vitesses, avec deux positions de vitesses arrière.

La sonnerie d'avertissement est actionnée au pied ; à l'intérieur de la voiture se trouve une autre sonnerie et un éclairage électrique.

Toutes les voitures sont munies de deux freins agissant dans les deux sens sur les tambours des roues motrices. Ils sont commandés au pied et coupent le courant par l'intermédiaire d'un disjoncteur à soufflage magnétique, tout en étant renfermés dans les roues motrices.

L'intérieur de la voiture possède une chaufferette électrique.

Les quatre roues sont munies de pneumatiques de 120 millimètres.

Moteurs. — La composition d'un moteur ordinaire est supposée être théoriquement d'un induit, de deux inducteurs et de deux balais, et fonctionnant avec un certain décalage de ceux-ci. Il en résulte que l'angle double compris entre la ligne neutre théorique et la ligne de décalage est inutilisé et même nuisible, étant donné qu'il se produit une force démagnétisante. La position de décalage des balais varie avec la charge, le sens de la rotation et la vitesse du moteur. Si on fait varier ces trois facteurs, en ne faisant pas varier la position de décalage, on obtiendra aux balais des crachements plus ou moins considérables.

Il en résulte, qu'avec un moteur ordinaire, il est impossible, une fois qu'il a été calculé pour une vitesse donnée, de faire varier cette vitesse dans des limites considérables, sans décaler plus ou moins les deux balais.

Le principe appliqué aux « Roues Motrices » est basé sur l'emploi de deux balais supplémentaires, reliés avec les balais ordinaires par l'intermédiaire d'une résistance variable.

Ces deux balais supplémentaires sont calés dans une position convenable, en arrière de la ligne neutre.

L'adjonction de ces balais offre les avantages suivants :

Ils créent au sein de l'induit une zone active et utile qui vient s'ajouter à l'action magnétisante des inducteurs, suppriment les réactions d'induit, et la force démagnétisante dont il a été question plus haut n'existe plus.

Dans les moteurs ordinaires, les spires comprises dans la zone neutre apportent une force contre-électromotrice inutile et constituent une résistance nuisible. Par l'application du système, ces spires inactives deviennent non seulement utiles, mais encore constituent un temps de repos dans le travail de l'induit. Ce temps de repos diminue la température. Comme conséquence, l'échauffement total du moteur est moindre, et la limite de puissance du moteur est augmentée.

Dans les roues que nous décrivons ici, la faible résistance de l'induit, due à l'utilisation de ces spires, inactives dans les autres moteurs, atténue dans de grandes proportions les pertes dans les inducteurs. Il en résulte

Fig. 9. — Électromobile à accumulateurs.

de très faibles variations dans le rendement, quelle que soit la charge du moteur.

La force démagnétisante étant supprimée, il n'y a plus aux balais aucun crachement, et ceci quels que soient la vitesse ou la charge, le sens de rotation.

Ces différents avantages ne limitent plus le constructeur dans le calcul des éléments physiques des moteurs, et permettent d'établir, soit un moteur à marche très lente, à rendement élevé et d'un poids très faible, sous un petit volume, soit des moteurs à vitesse normale, d'un poids et d'un volume excessivement réduits.

Grâce à cette invention, les inconvénients reprochés aux voitures électriques se trouvent éliminés. Les moteurs constituent les roues elles-mêmes, les organes mobiles étant solidaires des jantes, de sorte qu'aucune transmission mécanique intermédiaire ne vient altérer le rendement à la jante. Ces « Roues Motrices », qui peuvent être placées soit à l'avant, soit à l'arrière, reçoivent directement de la batterie d'accumulateurs l'énergie nécessaire. Il en résulte que les inconvénients dus aux chaînes, pignons et engrenages disparaissent aussi.

Aucune chaîne, pignon ou engrenage n'est à remplacer, pour l'excellente raison qu'il n'en existe plus.

Rendement. — Une batterie quelconque d'accumulateurs permet donc, en étant placée sur une voiture munie des « Roues Motrices », d'effectuer un parcours de 20 à 30 p. 100 supérieur, même à la plus grande vitesse, à celui qui serait effectué avec une voiture ordinaire.

Les voitures « Gallia ». — Les voitures électriques étant destinées plutôt à un service de luxe, un roulement silencieux est un avantage très appréciable et très recherché. D'autre part, si elles sont munies du système qui vient d'être décrit plus haut, les frais d'exploitation sont diminués dans une large proportion, étant donné que l'on ne demande plus à la batterie une quantité anormale de travail réduisant beaucoup sa capacité et sa durée. Ces avantages se rencontrent dans les voitures « *Gallia* » de la Société l'*Électromotion* et nous leur consacrerons une description sommaire avant de clore ce chapitre.

Ces voitures présentent les particularités suivantes :

1° Elles sont munies de deux moteurs de façon que si l'un vient à manquer, on puisse continuer à rouler quand même ;

2° Les moteurs sont placés à l'arrière, de façon à éviter les inconvénients et les dangers inhérents à certains autres modes de traction et d'avoir une direction plus légère à manœuvrer ;

3° Il n'y a pas de différentiel ; les roues sont actionnées directement par les moteurs ;

4° Tous les organes sont extérieurs à la carrosserie, facilement accessibles, aisément démontables ; ils se trouvent tous en un seul et même point du châssis ;

5° Les moteurs sont munis d'une suspension brevetée, indépendante du châssis, ce qui donne à la voiture une douceur exceptionnelle ;

6° Afin de ne pas déraper, les pneus sont munis d'antidérapants ; car toutes les voitures dérapent, quel que soit le mode de traction, si elles ne sont pas munies de ce dispositif de sécurité.

Moteurs. — Les moteurs sont du type compound absolument enfermés ; ils oscillent autour d'un axe horizontal, grâce à leur mode de suspension. Un pignon porté par l'arbre du moteur engrène directement avec une couronne dentée fixe sur le moyeu de la roue. La taille des pignons et roues dentées est très soignée; les matières de ces organes rendent les voitures silencieuses.

Équipement. — Les fils qui le composent sont disposés de façon à ce qu'ils puissent être facilement accessibles ; ils sont établis en cuivre de haute conductibilité et à isolement parfait.

Combinateur. — Le combinateur, d'une extrême simplicité, est d'assez grand diamètre; les plots ont ainsi une surface suffisante et sont assez éloignés les uns des autres. On peut alors passer d'une vitesse à la suivante sans à-coup ni brûler les plots ou les touches. En dehors de la marche arrière et du zéro, le combinateur permet d'établir 8 combinaisons, donnant 6 vitesses et 2 positions de freinage et de récupération.

Démarreur. — Toutes les voitures sont munies d'un appareil spécial dit « démarreur » et permettant de démarrer avec une douceur absolue.

Direction. — La direction est simple et robuste; elle est irréversible, inclinée et démultipliée, afin d'être manœuvrée aisément.

Freins. — Ils sont au nombre de trois : 1° le frein électrique freinant en avant et en arrière sur les roues motrices ; 2° le frein à récupération, ralentissant automatiquement la voiture dans les descentes ; 3° un frein mécanique qui bloque les roues arrière dans les deux sens et coupe en même temps le courant au moyen d'un disjoncteur.

Châssis. — Les châssis sont en tôle d'acier et cornières de fer en Z reliées par des entretoises ; leur rigidité est absolue. Ils sont construits de façon à recevoir une caisse de forme quelconque sans subir aucun changement et peuvent être munis de caisses interchangeables.

Nous arrêterons ici cette revue des applications de
ıccumulateur électrique aux besoins de la traction, car
autres appareils de locomotion réclament notre atten-
on, et la place nous est limitée. Les descriptions qui
·écèdent sont d'ailleurs suffisantes, pensons-nous, pour
ı'on puisse se rendre compte du chemin parcouru
ans cette voie par les inventeurs, et voir ce qu'on a ob-
nu de l'emploi du moteur électrique alimenté par une
atterie, chargée ou non, par un groupe électrique. Et la
nclusion qui s'impose est évidemment qu'en matière
locomotion, l'électricité est encore la puissance dont
maniement est le plus aisé, et le jour où un inventeur
visé aura créé l'accumulateur léger et de grande capa-
té, il est probable que l'automobile électrique supplan-
ra le moteur à pétrole quelque perfectionné que soit
lui-ci. L'avenir, en matière de traction, est encore à
électricité !

CHAPITRE IV

LES TRAMWAYS A TROLLEY AÉRIEN

Le système de traction électrique par distribution de courant à l'aide d'une ligne aérienne est le procédé qui s'est le plus répandu, et c'est le plus ancien, ainsi que nous l'avons rappelé au début de ce livre, puisque c'est en 1879 qu'on en a vu le premier spécimen en Europe, à l'exposition de Berlin.

En France, la première ligne de tramways électriques avec prise de courant sur ligne aérienne, qui ait été exploitée industriellement, est celle de Clermont-Ferrand à Royat, mise en service en 1890 par M. Claret. Depuis cette époque, il est vrai, ce système de traction a pris une extension vraiment formidable, non seulement dans notre pays, mais dans le monde entier. Les entreprises de transports en commun, les Compagnies de tramways à chevaux surtout, ont dû suivre le mouvement et modifier leur matériel, sinon le renouveler complètement, pour répondre aux exigences nouvelles et soutenir la concurrence, en même temps que restreindre les frais énormes qu'entraîne l'entretien d'une nombreuse cavalerie, comme c'est le cas pour Paris et autres grandes capitales.

Aux États-Unis, on n'avait attaché d'abord que peu

importance à la construction des tramways électriques, ce n'est qu'en 1883, que l'on établit à l'exposition de icago une ligne d'essai analogue à celle de Berlin. ette nouveauté ne tarda pas à prospérer, et, en 1885, fut augurée la première ligne allant de Baltimore à Windr, qui fut bientôt suivie de nombreuses autres lignes alogues. Le mauvais état des rues, la grande étendue s villes et des établissements industriels, la tendance s habitants à perdre le moins de temps possible dans urs déplacements, la facilité avec laquelle les concesons pouvaient être obtenues, toutes ces raisons perirent à ce procédé de locomotion de se développer pidement et de triompher de tous les autres. Et dans utes les villes d'Amérique, le même mouvement répondant aux besoins du pays, fut donné et se poursuit sans arrêt.

Les systèmes de traction électrique pour les tramways rbains se multiplièrent, et chacun voulut rivaliser d'éonomie avec ses concurrents, mais tous ceux qui ont té proposés depuis cette époque peuvent être rangés n deux classes principales, suivant qu'ils sont autonoies ou dépendent d'une usine centrale leur envoyant courant. Les premiers sont les tramways à accumuleurs étudiés dans notre chapitre II, les autres foriont à leur tour trois catégories, selon que le courant ur parvient par une canalisation aérienne, souterraine u disposée au niveau du sol, parallèlement à la voie rrée. Nous nous occuperons d'abord de la première e ces catégories, qui est la plus répandue.

La canalisation aérienne pour la traction des tramways onsiste ordinairement en un fil de cuivre ou de bronze hosphoreux suspendu au-dessus de la voie parcourue par les voitures et maintenu en place par des consoles métalliques supportées à l'extrémité supérieure de poteaux ordinairement en fer. Les automotrices circulant sur les rails sont munies d'un dispositif de prise de courant formé d'une longue perche mobile dans tous les sens sur un pivot, et qui porte une roulette à gorge ou *trolley* roulant tout le long du fil conducteur qui amène le courant jusqu'aux moteurs. Le retour de ce courant s'opère par la file de rails, qui est reliée, à l'usine, au pôle négatif des dynamos.

Les tramways à canalisation aérienne, quoique présentant le maximum d'économie d'installation et de fonctionnement, en même temps qu'une très grande sûreté de marche, ont été, à leurs débuts en Europe, extrêmement combattus. On ne leur opposait cependant qu'une seule raison bien insignifiante, qui résidait dans le défaut d'esthétique des lignes de poteaux, mais ce préjugé, dont le temps a fini par faire justice puisque le trolley s'est installé au cœur même de Paris, où l'on n'y prête même plus d'attention, cette prévention aveugle entrava un moment le développement de ce procédé de traction. L'accusation de laideur appliquée aux lignes aériennes était d'autant plus injuste que des modèles particuliers de poteaux à consoles ornementées ont été spécialement créés dans ce but, et que l'on ne peut en méconnaître l'aspect gracieux et véritablement artistique.

Un argument beaucoup plus sérieux qu'une question d'esthétique contre les tramways à trolley, réside dans les phénomènes d'électrolyse résultant du courant circulant dans les rails, car ceux-ci n'ont pas toujours une conductibilité et une uniformité parfaites, par suite des raccords et malgré les soins apportés aux éclissages ;

aussi une partie du courant revenant à l'usine de production se trouve dérivée et suit les canalisations métalliques d'eau et de gaz. Par suite de la présence des sels métalliques contenus dans le sol, il se produit une véritable électrolyse aux endroits par où le courant pénètre et quitte ces canalisations qui se trouvent rapidement corrodées en ces points. Toutefois, cet inconvénient peut être atténué par l'interposition de joints métalliques aux jonctions des fils de rails et surtout par l'emploi de feeders pour le retour du courant à l'usine.

Lorsque la traction électrique commença à se développer en Europe, on ne fit tout d'abord usage que de voitures fermées et sans impériales ; les voyageurs de deuxième classe étant relégués dans un compartiment spécial peu confortable ou sur les plates-formes couvertes. Ce n'est que plus tard que l'on en revint, à Paris notamment, aux grandes voitures avec impériales fermées ; nous en fournirons un exemple un peu plus loin lors de l'étude sur les tramways du réseau nogentais. Mais nous donnerons en premier lieu la description du matériel et de l'appareillage qui ont reçu le plus d'application : celui de Siemens et Halske et celui de Thomson-Houston.

Dans les tramways Siemens et Halske, la voie est ordinairement établie avec des rails pesant de 70 à 100 kilogrammes par mètre de voie ; dans les rues, ces rails sont à gorge et noyés dans la chaussée, tandis que sur les accotements le long des routes, là où ne passent pas les autres voitures, il est préférable d'employer des rails Vignole à simple champignon dont le coefficient de résistance au roulement est plus faible. Ces rails sont reliés électriquement entre eux, et communiquent, à une extrémité de la voie, avec le pôle négatif de la dynamo ; l'éclissage est constitué par plusieurs fils de cuivre fixés au bout de chaque rail par un ajustage à rivet ; de plus, tous les 4 ou 5 rails, on établit une jonction avec l'autre file opposée, à l'aide d'un conducteur en cuivre. On peut ainsi employer la voie comme retour, sans grandes pertes d'énergie ni électrolyse.

Au-dessus de chaque voie et soigneusement isolé, se trouve suspendu un conducteur formé d'un fil de cuivre écroui, de 8 millimètres de diamètre et de grande résistance aux efforts de rupture. Ce fil de travail est divisé en sections qui peuvent être isolées les unes des autres et que des appareils de sécurité, munis de souffleurs d'étincelles, protègent contre tout danger de décharge atmosphérique ou de court-circuit. Chaque section est alimentée par un feeder partant de l'usine centrale.

De cette façon, le courant peut passer dans chaque section sans que l'interruption dans l'une ou l'autre influe sur l'alimentation des autres; de plus, cette disposition permet de diminuer les pertes de tension.

Dans sa partie la plus basse, le conducteur se trouve au moins à 4 m. 50 de distance verticale au-dessus des rails ; les points de suspension sont situés à 40 ou 50 mètres l'un de l'autre, la tension du fil est réglée à l'aide de tendeurs isolés, et tous les supports sont soigneusement isolés des mâts ou des maisons. Les mâts sont en acier creux et ornementés, ou en fer, ces derniers étant moins coûteux.

La prise de courant s'opère par un *archet*, qui fournit de meilleurs résultats que la roulette. Cet archet, construit en un métal mou bon conducteur, ordinairement l'aluminium, est articulé sur un support fixé sur le toit de la voiture, et pressé par des ressorts contre le fil de travail. Pour atténuer l'usure due au frottement de glissement, la partie supérieure de l'archet forme une gouttière que l'on remplit de graisse consistante, et le fil de travail est disposé en zigzags très allongés qui produisent l'usure régulière de l'archet sur toute sa largeur ; la partie supérieure est d'ailleurs mobile, ce qui permet de la remplacer le moment venu (fig. 10).

L'archet présente une facilité de maniement bien supérieure à celle du trolley, qui est sujet à dérailler dans les courbes et aux embranchements, ce qui amène forcément l'arrêt de la voiture et, la nuit, l'extinction des lampes à incandescence, jusqu'à ce que le conducteur ait ramené la roulette au contact, ce qu'il ne peut faire qu'à tâtons. L'archet, au contraire, ne perd jamais contact avec le conducteur et, avec lui, il est aisé de changer brusquement le sens de marche, tandis que le trolley ne permet la marche en arrière que dans les parties en ligne droite, et s'échappe fréquemment aux points d'aiguillage.

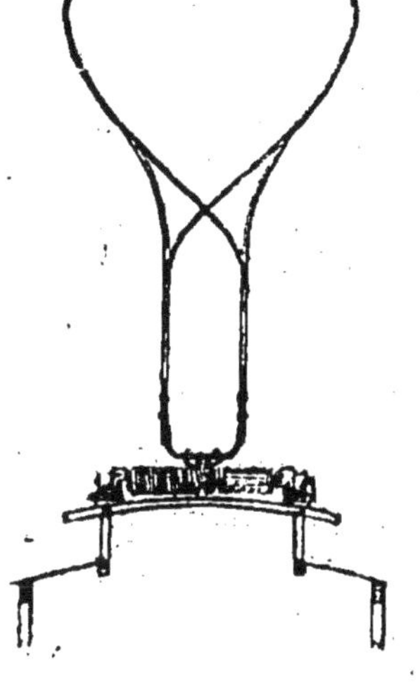

Fig. 10. — Archet Siemens.

La construction des voitures automotrices des tramways Siemens et Halske ne présente rien de bien particulier, sauf en ce qui concerne l'équipement électromécanique. Les moteurs sont agencés dans le châssis ; ils comportent quatre pôles, et leur excitation s'opère en dérivation. L'induit est enroulé en tambour, avec sections isolées au mica et balais en charbon. L'ensemble repose, d'une part, sur l'essieu moteur par des paliers spéciaux, et d'autre part sur des ressorts à boudin atténuant les chocs. La puissance nécessaire pour la traction varie entre 350 et 800 watts-heure par voiture-kilomètre; elle est plus considérable par temps humide que par temps sec. Le démarrage exige un effort quintuple de celui assurant une marche à l'allure de 18 kilomètres à l'heure.

Outre les freins mécaniques à sabot, les voitures sont pourvues d'un dispositif de freinage électrique agissant par l'effet du renversement du sens du courant dans l'induit, par la mise en court-circuit de cet organe, ou l'intercalation d'une résistance dans le circuit de cette machine fonctionnant alors comme dynamo. Le contrôleur ou combinateur, analogue à celui que nous avons décrit pour les tramways à accumulateurs, est disposé sur la plate-forme d'avant, tandis que les résistances servant à régler l'intensité du courant traversant les moteurs, et par suite la vitesse de la voiture, sont placées sous les banquettes; la chaleur qu'elles dégagent est utilisée en hiver pour le chauffage, et se perd, en été par des ouvertures ménagées à cet effet.

Tel est, succinctement décrit, l'agencement des tramways Siemens qui circulent surtout en Allemagne. Voici maintenant celui des tramways à fil aérien Thomson-Houston qui se sont répandus dans le monde entier, et dont de nombreux spécimens sont en service en France, où la première ligne exploitée d'après ce système a été celle de Bordeaux en 1893.

La ligne aérienne est constituée par un fil suspendu soit par des fils transversaux, soit à l'extrémité de con-

Fig. 11. — Moteur à courant continu pour automotrices de tramways, modèle de la Compagnie Thomson-Houston

soles fixées sur des poteaux plantés le long de la voie. Les voitures sont presque toujours pourvues de deux moteurs ; il existe toutefois deux types de ces moteurs, l'un appelé le W.P. est bipolaire et complètement enfermé dans son inducteur formant carter étanche ; l'autre, dit type G. E. 800 est à quatre pôles. La commande des essieux est opérée par une seule paire d'engrenages. Le poids de ces moteurs est très restreint ; le modèle G. E. de 25 chevaux ne pèse que 660 kilogrammes. L'induit est disposé de telle façon que ses enroulements ne puissent se détériorer ; pour cela, ils sont logés à l'intérieur de rainures plus larges au fond qu'à la périphérie, et ils sont maintenus dans ce logement au moyen d'espèces de clavettes en matière isolante. Les enroulements présentent trois dispositions différentes, suivant leurs conditions de marche, et sont dits à 3, 4 ou 6 tours. La première disposition convient aux grandes vitesses : 25 à 30 kilomètres, la deuxième aux vitesses moyennes, de 15 à 20 kilomètres, et la dernière aux faibles vitesses.

La prise de courant se compose d'une roulette en bronze, disposée à l'extrémité d'une perche de 4 à 6 mètres de long, fixée sur le toit de la voiture par une articulation à pivots et à ressorts dont le but est d'obliger la roulette du trolley à appuyer constamment sur la face inférieure du fil de travail.

La *controller* ou *combinateur* Thomson-Houston est surtout bien compris ; il se compose d'un cylindre en matière isolante, sur la surface duquel sont disposées des bandes de cuivre de longueur variée et convenablement reliées entre elles. Sur ces pièces métalliques, viennent s'appliquer des frotteurs fixes, reliés électriquement aux diverses parties des circuits du moteur ; en faisant tourner le cylindre sur son axe, on effectue les connexions nécessitées par le profil de la route. Ces

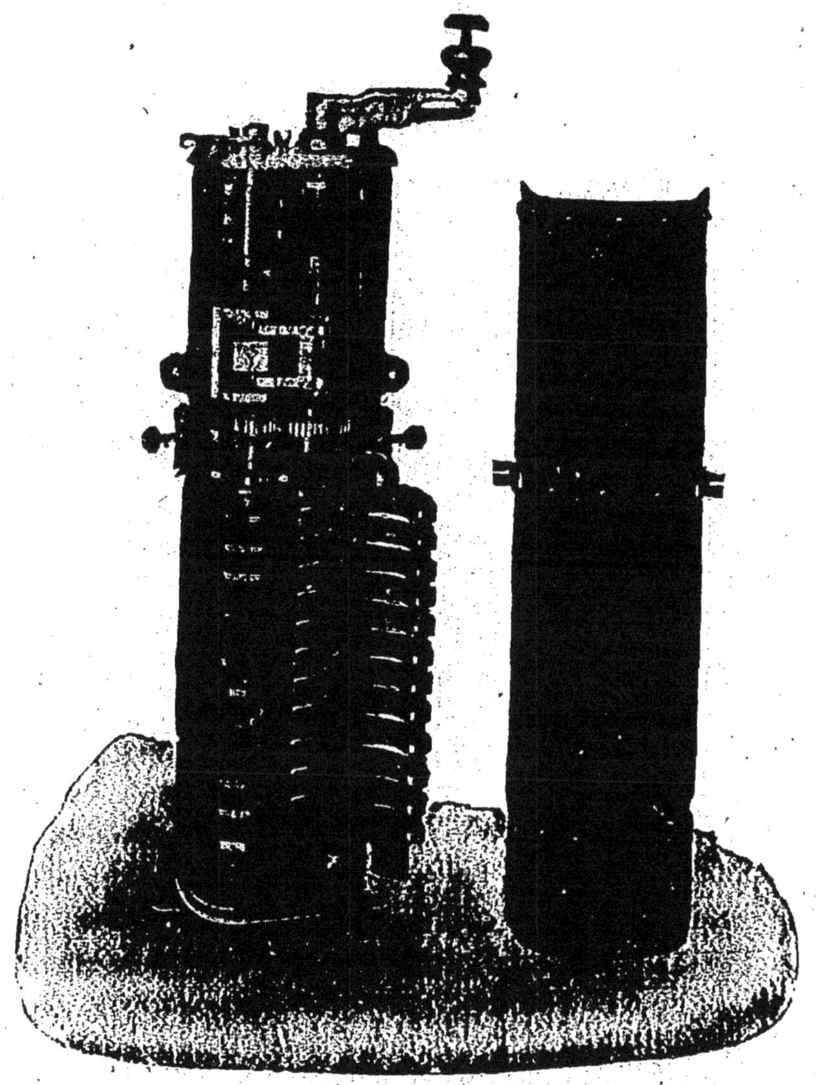

FIG. 12. — Combinateur Thomson-Houston pour tramway électrique.

groupements sont les suivants : 1° les deux moteurs en tension avec une résistance ; 2° les deux moteurs en parallèle avec résistance. Toutes ces manœuvres s'exécutent à l'aide d'une seule manette ; une autre poignée, agissant sur un axe distinct, donne le moyen de renverser le sens de marche en intervertissant le sens du courant dans les inducteurs. Enfin, un souffleur magnétique éteint les étincelles de rupture qui pourraient se produire, et deux commutateurs donnent le moyen de mettre hors circuit un des moteurs à volonté.

La compagnie Thomson-Houston a installé en Amérique et en Europe un nombre considérable de réseaux urbains avec l'appareillage qui vient d'être sommairement décrit. Citons parmi ses installations les plus remarquables, celles des tramways électriques de Bruxelles au bois de la Cambre, de Tervueren, de Milan-Musocco, et en France les réseaux de Bordeaux Rouen, Lyon, Le Havre, Versailles, Paris. Pour donner une idée générale de l'agencement d'un réseau établi d'après ce système, dans l'impossibilité où nous sommes de décrire ici chacune de ces installations, nous décrirons celle des *Chemins de fer Nogentais* qui dessert par divers embranchements une vingtaine de communes de la banlieue-est de Paris, avec terminus au Cours de Vincennes et à la place de la République.

L'usine génératrice est située rue des Laitières à Vincennes ; elle contient huit générateurs multibulaires, groupés en deux batteries pouvant fournir chacune 2.500 kilogrammes de vapeur par heure, ce qui porte la puissance totale à 2.500 chevaux. L'eau d'alimentation provenant de la ville est épurée par son passage préalable dans un épurateur. Un puits de 90 mètres assure la marche, même en cas d'arrêt des canalisations.

La salle des machines électriques est disposée à 3 mètres au-dessus du niveau du sol ; elle renferme quatre groupes électrogènes, dont deux ont une puissance de 500 kilowatts et les deux autres une puissance de 315 kilowatts. Les deux premiers groupes sont actionnés par une machine à vapeur compound à deux cylindres pouvant développer de 750 à 1000 chevaux donnant 95 tours par minute, et les deux autres par une machine monocylindrique de 450 à 600 chevaux. Les dynamos sont octopolaires et accouplées directement. Le volant des machines à vapeur pèse 25 tonnes pour les groupes de 750 chevaux et 20 tonnes pour les autres. La tension normale du courant est de 600 volts en pleine charge, et 500 à vide. L'usine possède en outre un groupe électrogène particulier, d'une puissance de 150 chevaux, pour l'alimentation des voies en caniveau. Ce groupe est composé d'un moteur commandant directement une dynamo à six pôles donnant une tension de 500 volts. Un groupe de survolteurs et un transformateur d'éclairage complètent l'installation.

L'énergie produite par cette usine alimente les lignes aériennes et celles placées en caniveau dans la traversée de Paris ; dans l'intérieur même de la station elle actionne les pompes d'alimentation et de condensation, les outils de l'atelier de réparations, elle charge les accumulateurs et assure l'éclairage des bâtiments et des cours. Du tableau général de distribution, qui comporte tout l'appareillage de mesure, de sécurité et de manœuvre nécessaire, part un réseau de conducteurs souterrains ou feeders destinés à alimenter les lignes aériennes en un grand nombre de points de leur parcours. Ces câbles sont formés d'un toron de cuivre d'une section de 30 à 40 millimètres carrés, recouvert d'isolant et protégé par une enveloppe de plomb recouverte d'une double enveloppe de fer feuillard.

Si nous en arrivons maintenant aux lignes aériennes et au matériel de roulement du réseau nogentais, nous dirons que ces lignes sont constituées par deux fils de cuivre de 9 millimètres carrés de section, doublement isolés, et placés à 7 mètres au-dessus des voies. Le réseau est sectionné en tronçons de 1500 mètres de longueur, les extrémités contiguës de chaque tronçon étant réunies par des isolateurs munis de parafoudres protégeant chaque section des décharges atmosphériques. Les poteaux de support sont des tubes d'acier emboutis, enfoncés à 2 mètres de profondeur dans le sol dans une fondation en béton. Toutes les voies sont doubles.

Le matériel roulant comprend des voitures automotrices de deux types différents et des voitures remorques. Les unes sont destinées à la traction mixte, par trolley hors Paris et caniveau et accumulateurs dans l'intérieur de la ville; les autres sont simplement à traction par trolley. Dans les deux types, les véhicules comportent une impériale couverte, dont les côtés peuvent être fermés par des vitrages en hiver. La caisse est supportée par deux bogies à deux essieux dont l'écartement d'axe en axe est de 3 m. 87. L'équipement électrique de chaque voiture se compose de deux moteurs d'une puissance de 45 chevaux, commandant chacun directement, au moyen d'un train d'engrenages, l'un des deux essieux du bogie. Le freinage est assuré par un frein à main permettant de bloquer complètement les roues et par un frein à air comprimé fourni par un compresseur actionné par le mouvement même de l'essieu. Les moteurs sont assez puissants pour imprimer à une automotrice, attelée d'une remorque et d'un poids total de 20 tonnes, une vitesse de

Fig. 13. — Tramway électrique à trolley.

22 kilomètres à l'heure en palier et 15 kilomètres sur rampes à 3 p. 100. Enfin l'éclairage de chaque voiture est assuré par dix lampes à incandescence.

Le matériel roulant de la Compagnie se compose de 200 voitures : 60 automotrices à simple traction, 45 à traction mixte par trolley et caniveau (les accumulateurs ont été supprimés), et 30 voitures-remorques.

Ce matériel roulant est remisé dans deux dépôts,

situés, l'un à la Maltournée, près de Neuilly-sur-Marne, l'autre à Vincennes, rue de Lagny. Le premier, le plus vaste, occupe une surface de deux hectares ; il possède un atelier de réparations et on y a installé une batterie de 60 accumulateurs pour l'éclairage des bâtiments. Cette batterie est chargée par le courant de la ligne, à l'aide d'un transformateur qui abaisse la tension à 120 volts. Ce dépôt se trouvant à proximité de la Marne reçoit par bateaux le combustible, et un fourgon électrique spécial transporte le charbon à l'usine génératrice de Vincennes.

Telles sont les dispositions générales que présentent les réseaux de tramways électriques à prise de courant sur ligne aérienne et nous les retrouverons, avec quelques variantes résultant des circonstances, dans toutes les installations du même genre. Il nous paraît donc inutile d'insister davantage sur ce genre d'exploitation et nous ne mentionnerons plus, dans ce même ordre d'idées, que la ligne récemment mise en service aux États-Unis par l'*Union Traction Cie* pour desservir les villes d'Indianopolis, Anderson et Marion, parce que cette ligne est certainement la plus rapide du monde.

La distance totale franchie par ce tramway est de 155 kilomètres ; et elle est parcourue aussi rapidement que les trains du chemin de fer de Cleveland dont la ligne est parallèle et suit le même itinéraire ; cependant les arrêts sont beaucoup plus fréquents. Ce tramway est à voie unique, avec des garages, mais, afin d'éviter des accidents, les conducteurs des voitures circulant dans les deux sens sont constamment en communication entre eux et avec l'inspecteur d'Indianopolis. La prise de courant est à trolley sur fil aérien ; le courant à une tension initiale de 1.500 volts réduite à 250 dans les moteurs, grâce à la présence de transformateurs tournants disposés dans des sous-stations. Enfin chaque train se compose d'un *car* unique contenant cent places et roulant à la vitesse maximum de 100 kilom. à l'heure. Il y a un départ toutes les heures dans chaque sens.

Toutes les lignes qui ont été étudiées jusqu'à présent emploient l'électricité sous forme de courant continu sous tension de 500 à 600 volts, mais depuis que les moteurs à champ tournant sont devenus pratiques, on a également utilisé les courants polyphasés, particulièrement les courants triphasés, lorsque le réseau est très étendu ou que l'usine génératrice se trouve à une grande distance. La première application de ces courants à la traction des tramways a été faite par la maison Brown-Boveri en 1894 pour les tramways de Lugano, et, depuis cette époque, la Compagnie Thomson-Houston a équipé, d'après le même principe, les réseaux de Dublin en Irlande et de Lowell en Amérique. Les résultats économiques ont été excellents, le courant pouvant être transmis sous des tensions très élevées par des conducteurs de faible diamètre; on ne peut reprocher à ce système que l'exigence qu'il présente d'avoir deux fils de trolley par voie au lieu d'un seul, mais cet inconvé-

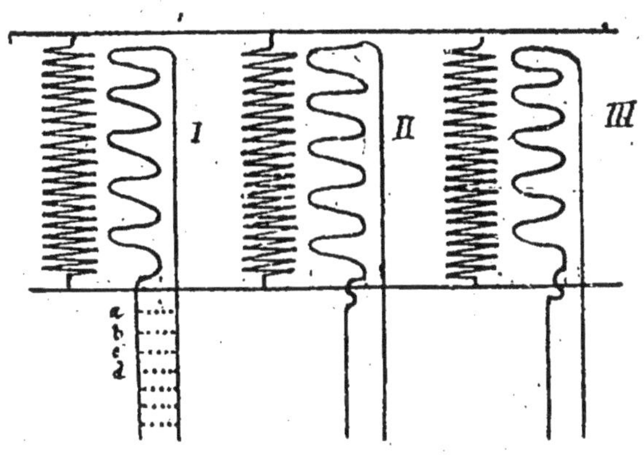

Fig. 14. — Schéma de transformateurs en dérivation.

nient est largement racheté par la supériorité du moteur sans collecteur sur celui à courant continu dont l'usure est toujours assez rapide.

Dans l'installation de Lowell, les génératrices de courants triphasés sont au nombre de trois; elles sont tétrapolaires et développent chacune 120 kilowatts à 900 tours par minute sous une tension efficace de 360 volts, élevée à 5.500 par des transformateurs. Les sous-stations contiennent les transformateurs secondaires, ramenant le voltage à 500 volts, et deux convertisseurs, analogues aux génératrices, mais accouplés à des dynamos dont le courant est alors envoyé à la ligne aérienne. Dans cette exploitation, les moteurs des voitures sont des moteurs à courant continu; l'application n'est donc pas aussi parfaite qu'à Lugano où les tramways sont munis de moteurs asynchrones à champ tournant, évitant l'adjonction de convertisseurs aux transformateurs des sous-stations.

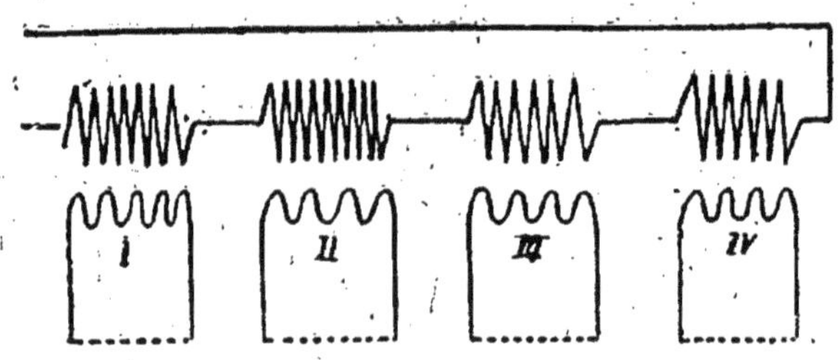

Fig. 15. — Transformateurs en série.

Il ne nous reste plus, pour compléter ces indications forcément un peu sommaires sur les tramways à trolley, qu'à montrer quels sont les frais nécessités par ce mode de traction. Nous emprunterons quelques chiffres à un rapport très documenté de M. Marchena sur ce sujet. D'après cet auteur, les frais de premier établissement d'une ligne de tramways électriques à conducteur aérien sont les suivants :

Ligne aérienne sur poteaux : 20.000 à 30.000 francs le kilomètre de voie.

Matériel fixe et roulant : 35.000 à 40.000 francs par voiture en service.

Chaque voiture peut faire, en quinze heures de travail représentant son travail journalier, de 120 à 160 kilomètres, selon les conditions de vitesse imposées ou autorisées.

En rapportant les dépenses d'exploitation à une unité fixe, par exemple à la voiture-kilomètre, on a pu se rendre compte que l'influence de la ligne diminue au fur et à mesure que le trafic augmente, ce qui permet de consacrer à cette partie un capital plus élevé. Si l'on ne compte que les dépenses de premier établissement, voici les chiffres relevés sur quelques installations :

Tramways de Marseille (6 kil. 120 m. de longueur)

Voie	360.000	francs
Bâtiments d'usine	85.000	—
Etablissement de la ligne	180.000	—
Moteurs, chaudières, dynamos	195 000	—
Ligne téléphonique	70.000	—
Equipement complet de 18 voitures	365.000	—
Remises et voies de service	45.000	—
Bâtiments d'administration et divers	145.000	—
Total	1445.000	francs

Soit 235.000 francs par kilomètre et 80.000 par voiture automotrice.

A Bruxelles, une ligne de 10 kilomètres dont 2.200 mètres à double voie (de la place Rouppe à la petite Espinette), a nécessité les frais suivants :

1° Achat de 12 voitures automotrices de 35 places.	264.000 fr.
2° Installations électriques fixes pour la traction.	424.000 fr.
Total.	688.000 fr.

Soit environ 70.000 francs par kilomètre de voie et 70.000 francs par voiture automotrice, en comptant 10 voitures mises à la fois en service sur les 12 ci-dessus.

On prévoit en général, un nombre de voitures de un quart supérieur au nombre strictement nécessaire au service, pour les réserves et les réparations, ce qui porte les frais d'équipement électrique des voitures à 18.000 ou 20.000 francs par voiture de 50 places en service.

Le prix de revient de l'exploitation, par voiture-kilomètre, a été celui ci-dessous dans différents pays, en ne parlant que des frais de traction proprement dits :

France	Marseille	0fr,26
	Le Havre	0 28
	Clermont-Ferrand	0 19
Angleterre.	Guernesey	0 38
	Liverpool	0 28
	South-Staffordshire	0 26
Suisse.	Genève	0 21
Allemagne.	Halle	0fr.165
	Francfort	0 28
	Hambourg	0 94
Autriche-Hongrie	Budapest	0 27
Belgique	Bruxelles	0 12
Etats-Unis.	Chicago	0 43
	Pittsburg	0 83

Ces chiffres permettent de se rendre compte des dépenses nécessitées par l'installation des lignes et leur entretien, ainsi que de celles incombant à la traction proprement dite.

CHAPITRE V

LES TRAMWAYS A CANALISATION SOUTERRAINE ET AU NIVEAU DU SOL

Les inconvénients, dont nous avons dit un mot dans le chapitre précédent, et que l'on reprochait, à l'époque de leur apparition, aux tramways à canalisation aérienne, notamment l'aspect disgracieux des fils tendus en travers des rues et coupant toute perspective, surtout dans les carrefours et les courbes, les phénomènes d'électrolyse provenant des dérivations du courant dans le sol, toutes ces raisons enfin, excitèrent les inventeurs à combiner un autre procédé pour transmettre l'énergie motrice aux véhicules à traction électrique parcourant les agglomérations. De même que pour l'éclairage électrique où les artères de distribution, d'abord posées sur des supports en plein air ont été remplacées, à l'intérieur des villes, par des câbles bien isolés, noyés dans le sol, on a songé à dissimuler les canalisations alimentant les tramways à l'intérieur de tunnels pratiqués au milieu des chaussées. Quelques systèmes ont même paru assez avantageux à l'usage pour être conservés jusqu'à présent, et nous allons décrire leur agencement. Puis, dans le but de réduire la dépense très élevée qu'entraînait l'établissement de cette canalisation, on imagina de disposer les prises de courant au niveau même du sol : le *plot* de contact était né, et il vit encore maintenant.

De nombreux électriciens et ingénieurs ont travaillé à la question des prises de courant pour tramways, et parmi les plus avisés nous citerons Holroyd Smith, Mansion-Coles, Siemens et Halske, Robert Pell, Jenkins, Griffin, Love, Schefbauer, Van Depoele, Hœrde, etc. Mais peu d'entre eux ont pu voir leurs conceptions théoriques entrer dans le domaine de la pratique courante, et nous n'aurons à présenter ici que les systèmes à caniveau des tramways de Blackpool (Angleterre), Budapest (Autriche-Hongrie) et de la Bastille à Montparnasse et à l'Étoile à Paris. Quant au système par plots au niveau du sol, deux systèmesseulement ont été expérimentés et un seul a survécu : celui de Diatto, celui de Claret-Vuilleumier n'ayant eu qu'une existence éphémère. Inutile d'ajouter que, dans tous ces procédés, la distribution est opérée à l'aide de courant continu, comme dans la plupart des tramways à trolley aérien.

Les tramways de Blackpool, organisés par M. Holroyd Smith, sont les plus anciens en date, car leur installation remonte à l'année 1885. Ils sont exploités par la municipalité. Au début, le caniveau destiné à recevoir les conducteurs était disposé entre les rails, mais son emplacement ne tarda pas à être modifié, et il fut reporté au-dessous de l'un de ces rails. Le rail repose donc sur une série de supports métalliques qui maintiennent également le caniveau en tôle. Dans ce caniveau se trouvent des traverses en bois sur lesquelles sont fixés, de distance en distance, tous les vingt mètres environ, des isolateurs en porcelaine sur lesquels s'appuie le câble conducteur. Les eaux de pluie peuvent s'amasser dans la partie inférieure du caniveau sans inconvénient pour le câble, et des poches de vidange sont ménagées de loin en loin. Il existe encore un autre profil, pour les rues très fréquentées et à double voie, avec un grand égout central pour le passage d'un homme.

Cette disposition, la première qui ait été appliquée dans une ville, a fonctionné très convenablement, sans donner lieu à des dépenses excessives pour son entretien.

Dans le réseau des tramways de Budapest, construits par Siemens et Halske, le canal souterrain était en béton, et sa section était de forme ovoïde, avec ouverture supérieure, à l'endroit où viennent reposer les rails. Ce canal, de 0 m. 28 de largeur sur 0 m. 33 de hauteur, était constitué par un châssis en fonte formant son ossature et sur lesquels étaient fixés les isolateurs en porcelaine supportant les conducteurs. De distance en distance, des regards étaient ménagés pour l'évacuation des eaux.

De même que dans le système précédent, la communication électrique entre le conducteur et le moteur de chaque voiture était établie par des frotteurs fixés à ces voitures et traversant la fente supérieure du caniveau. L'équipement mécanique des tramways, à part cet agencement de frotteurs, n'était pas sensiblement différent de celui des véhicules à trolley ou à archet décrits dans le chapitre précédent.

Les rails constituant la voie, solidement entretoisés entre eux, étaient assemblés aux cadres de fonte de l'ossature, distants l'un de l'autre de 1 m. 20 et reliés entre eux par une maçonnerie solide formant les parois du chenal. Les conducteurs étaient composés de deux cornières supportées par des isolateurs, car le retour du courant par les rails n'avait pas été autorisé. Le nettoyage de ce canal était opéré par des hérissons mobiles repoussant la boue, les immondices et la poussière jusqu'en des points fixes munis de regards à l'air libre par lesquels se faisait l'enlèvement de ces matières.

Le succès de cet agencement, qui n'a contre lui que son prix d'établissement très élevé, a été complet depuis sa mise en service, et les lignes ainsi équipées ont donné pleine satisfaction aux villes qui l'ont adopté.

Le système Hœrde comporte deux types différents : dans le premier, le canal se trouve dans l'axe de la voie ; dans l'autre, il se trouve au-dessous de l'un des rails. Le caniveau est fabriqué en tôle d'acier emboutie, les rails étant supportés tous les 2 mètres par des châssis également en tôle d'acier emboutie. L'un des bords de la fente est formé par un fer cornière dont la partie supérieure est striée et assemblée par l'intermédiaire d'un fer spécial ; c'est dans la gaine formée par ce fer que le conducteur se trouve logé.

La *General Electric C°* de New-York a essayé un moment de la canalisation souterraine pour son réseau, et a employé le système Lineff, dans lequel le caniveau, de section tubulaire, était disposé dans le sol entre les deux files de rails, avec une fente longitudinale à la partie supérieure pour donner passage aux tiges des frotteurs portés par les voitures, mais ce n'a été qu'une expérience et elle est revenue par la suite à la canalisation aérienne.

Fig. 16. — Tramway électrique à caniveau, système Thomson-Houston.

La Compagnie Thomson-Houston a également étudié un système de ligne en caniveau, dont elle a monté des spécimens dans plusieurs villes, notamment à Berlin et à Paris (lignes de Montparnasse à la Bastille et à l'Étoile), et qui se rapproche beaucoup du type 3 appliqué à Budapest par Siemens et Halske. Ce caniveau est en ciment, placé sous l'un des rails, et ceux-ci sont soutenus à chaque mètre et demi de distance par des cadres en fonte portant les isolateurs. La chaussée, — le plus souvent pavée en bois, — est ensuite refaite, et l'on ne distingue dans le sol que la fente étroite destinée à livrer passage aux tiges des frotteurs de prise de courant. Les conducteurs sont de simples rails Vignole reposant sur des isolateurs, et sur lesquels appuient les frotteurs.

Les tramways à caniveau Thomson-Houston ont fourni les meilleurs résultats depuis leur mise en service en 1900, et les courts-circuits dus à la présence de l'eau ou à l'accumulation des immondices dans le tube ne se sont pas produits, ainsi qu'on l'annonçait d'avance. D'ailleurs des chasses d'eau opérées de temps à autre permettent de débarrasser le caniveau des ordures qui ont pu s'introduire par son ouverture longitudinale, et le nettoyer complètement.

Nous devons encore dire un mot du système Love ; qui était constitué par un canal en fonte, de faible diamètre, rejoignant des traverses supportant toute la voie, et disposé parallèlement à celle-ci. Ce canal était fermé, à sa partie supérieure, par deux fers en V à branches inégales, les grandes branches forment les côtés de la rainure; les conducteurs, au nombre de deux, étaient maintenus sous ces fers à l'aide d'isolateurs. La rise de courant présentant l'aspect d'une tige verti-ale, pénétrait dans la rainure, et était munie à son xtrémité inférieure de deux petits trolleys, un pour haque sens du courant.

Il a encore été proposé un grand nombre d'autres pro-édés de traction électrique avec conducteurs souter-ains, et qui présentaient de très grandes analogies vec ceux que nous venons de décrire. Ce n'est que ans l'agencement des détails secondaires : profil ou imensions du caniveau, mode d'attache du conduc-eur, forme des frotteurs qu'ils diffèrent des précédents, il nous paraît inutile de les décrire, d'autant plus u'ils n'ont eu pour la plupart qu'un succès éphémère, lorsqu'ils ont été mis en pratique.

De même que le fil aérien, le caniveau présente des éfauts propres à sa nature; son établissement est très oûteux, il est difficile à préserver contre les inonda-ons, et, malgré des dégagements à l'égout, l'accès des onducteurs n'est pas facile, à moins de donner au cani-eau une grande section. C'est pourquoi, devant ces convénients, on a songé à supprimer ce caniveau et à ettre les conducteurs au niveau même du sol. Mais n se heurta alors contre une grosse difficulté, celle onsistant à rendre le conducteur amenant le courant une complète innocuité pour les autres usagers de la oie publique, sans quoi il était à redouter que des ccidents souvent très graves se produisissent, par suite un contact accidentel avec une ligne à haute tension. n songea donc à faire ce conducteur discontinu, en oyant les prises de courant dans le pavage des rues, ntre les deux rails, et à quelques mètres les unes des utres. Un distributeur, sorte de commutateur comportant une vingtaine de touches envoyait le courant successivement dans chaque prise ou *plot*, à mesure que le *car* électrique arrivait au-dessus d'elle. De cette façon tout danger d'une commotion électrique, pour un piéton ou un cheval qui aurait posé un pied sur l'un de ces plots et l'autre sur la voie ferrée, était évité, puisque les plots ne recevaient le courant qu'au moment où ils étaient recouverts par le tramway en marche.

Ce premier dispositif, qui remonte à l'année 1890, a été appliqué pour la première fois à l'Exposition de Lyon en 1894 par MM. Claret et Vuilleumier, et deux ans plus tard à Paris sur le parcours « Place de la République-Romainville ». Cette ligne fut exploitée pendant quelques années, mais l'expérience mit en lumière de graves défauts, que les inventeurs du système n'avaient pas prévus, et en 1900, le matériel fut enlevé et remplacé par le fil aérien. Deux compagnies : l'*Est-Parisien* et les *Chemins de fer nogentais* rétablirent le réseau : l'une avec des voitures fermées, sans impériales, l'autre avec des voitures à 60 places à impériales fermées pendant l'hiver, et à traction mixte, par accumulateurs et par prise de courant aérien.

Un système de distribution par plots de contact qui est demeuré en service, notamment sur les lignes de tramways de l'Est-Parisien, est celui de Diatto, essayé en premier lieu en 1897 à Tours. Il se distingue du précédent par sa plus grande simplicité et la suppression complète du distributeur chargé d'établir et de supprimer la communication des plots avec la canalisation d'alimentation.

L'agencement se compose d'un conducteur en cuivre soigneusement isolé, placé sous la chaussée entre les ux rails de roulement. Tous les 5 mètres environ, une rivation du conducteur principal amène le courant à ne boîte de contact noyée dans le sol dans l'axe de la ie, et dont la partie supérieure présente une con-xité insignifiante dépassant de quelques millimètres à ine le niveau général de la chaussée. Un fil de cuivre, section assez faible pour former pièce fusible en s de court-circuit, est relié d'une part à la dérivation nétrant dans la boîte au moyen d'une pince à vis, de l'autre à un bouchon métallique scellé dans le nd d'un récipient en porcelaine émaillée. Ce récipient, pporté verticalement dans l'axe de la boîte de con-ct, contient du mercure dans lequel flotte une che-lle en fer doux d'assez forte section transversale.

Le couvercle de la boîte de contact porte, en son ilieu, un tampon de fonte, muni, suivant son axe, un noyau de fer doux dont la face inférieure se trouve, l'état de repos, à quelques millimètres de distance de tête de la cheville mobile. Ce tampon est ajusté au ilieu d'un couvercle en matière isolante, ordinaire-ent en bois créosoté, porté par la boîte en fonte. ne fermeture spéciale assure l'étanchéité des joints exerçant une forte pression.

Une barre de fer flexible, servant d'armature à un ectro-aimant, est suspendue sous la voiture automo-ice et dans son axe ; on peut, à volonté, régler la uteur de cette barre au-dessus de la chaussée, ainsi e la pression qu'elle exerce sur les boîtes de contact plots. La longueur de cette barre est supérieure à la stance séparant deux boîtes consécutives, de manière ce qu'elle se trouve toujours en contact au moins ec l'une d'elles.

Le fonctionnement de ce dispositif est fort simple et nous allons l'expliquer : la barre, arrivant au contact d'un plot, aimante la tige cylindrique du tampon, laquelle à son tour attire la tige de fer doux qui flotte dans le mercure. La barre étant reliée électriquement à l'une des bornes du moteur de la voiture, le courant venant du conducteur souterrain pénètre dans le mercure, traverse la cheville de fer doux, le tampon de fonte, la barre de fer méplat et arrive aux enroulements du moteur qu'il traverse. Il passe ensuite par les appareils de sécurité, de réglage et de manœuvre de la voiture et arrive à la borne de sortie, qui est reliée électriquement avec le châssis, ce qui fait que le courant peut s'écouler par les roues et les rails et retourner à l'usine génératrice par la voie, à laquelle on adjoint souvent des feeders de retour. Au moment où la barre est près d'abandonner un plot, elle arrive en regard du plot suivant ; la connexion du circuit de la voiture au conducteur souterrain se trouve donc constamment assurée par ce moyen.

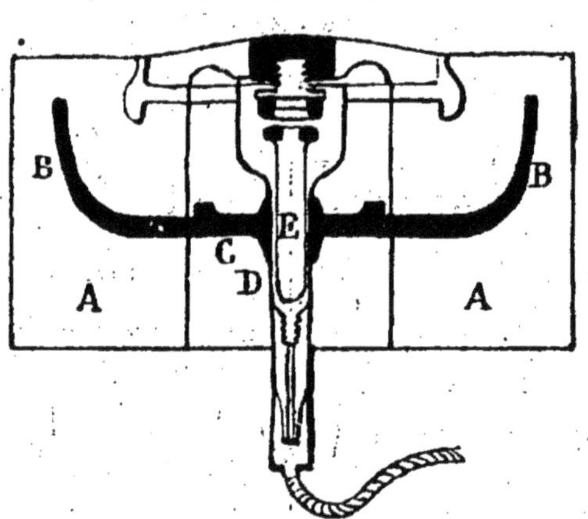

Fig. 17. — Coupe d'un plot système Diatto.

Lorsque la barre a abandonné la boîte, la cheville n'étant plus attirée retombe immédiatement, et par suite rompt la communication entre le tampon et le conducteur. Dès lors aucun courant ne peut plus sser. Afin d'éviter que le magnétisme rémanent istant dans le fer ne vienne à maintenir, même pennt un temps très court, la cheville en contact avec noyau de fer doux, les surfaces correspondantes de s deux pièces sont recouvertes d'une feuille de cuivre de tout autre métal non magnétique. On voit donc ie, lorsque les prises de courant sont en relations avec canalisation d'amenée de courant, elles sont toujours couvertes par le tramway automoteur, comme dans système précédent de Claret-Wuilleumier. La sécu-é est donc complète pour les piétons et pour les telages.

La boîte de contact est, comme on s'en rend compte r cette description, d'une très réelle simplicité et ne mporte aucun mécanisme susceptible de se déranger ; le est très robuste et résiste sans déformation au passage des lourds fardeaux. On lui a seulement reproché nécessiter des vérifications assez fréquentes pour mplacer le mercure qui s'oxyde à la longue et maint la communication du plot avec le feeder d'alimention après le passage du tramway, ce qui a causé, r les réseaux parisiens, d'assez nombreux accidents. pendant, ce système est resté en exploitation, et nctionne encore aujourd'hui sur les lignes qui l'ont lopté.

Dans le procédé de la Compagnie Westinghouse, les ots de contact disposés au niveau de la chaussée sont oubles; l'un sert à recueillir, par l'intermédiaire d'un otteur agencé sous la voiture automotrice, le courant nis par une petite batterie d'accumulateurs portée par tte voiture et destinée à actionner le commutateur ectromagnétique devant établir la communication entre la canalisation et le second plot, sur lequel un deuxième frotteur, parallèle au premier, vient capter le courant nécessaire à l'alimentation des électromoteurs.

Ce commutateur est constitué par un puissant électro-aimant possédant un double enroulement : l'un en fil fin communiquant, d'une part avec le plot recevant le courant de la batterie d'accumulateurs, et d'autre part avec les rails de roulement, et l'autre, en gros fil relié par une de ses extrémités au plot de prise de courant et de l'autre extrémité à l'un des contacts du commutateur. Lorsque le courant des accumulateurs est lancé dans le premier enroulement, par l'intermédiaire du frotteur et du plot spécial, l'armature est attirée et vient appliquer l'un contre l'autre deux doubles contacts en charbon, ce qui a pour résultat de permettre au courant principal de venir alimenter le moteur de la voiture en passant dans le gros enroulement de l'électro-aimant dont il renforce l'action, ce qui rend plus efficaces les contacts du commutateur, puis par le plot de prise de courant et par son frotteur ; ce courant retourne ensuite à l'usine par la voie ferrée.

Quand les frotteurs quittent leur plot respectif par suite de la progression du véhicule, tout courant se trouve supprimé dans les enroulements de l'électro dont le noyau se désaimante et abandonne son armature qui retombe en interrompant toute communication entre la canalisation et le plot qui devient ainsi absolument inoffensif et peut être foulé par les pieds des chevaux. Les frotteurs de la voiture sont toutefois, avant d'abandonner les plots précédents, entrés en contact avec les suivants, qui, à leur tour, laissent parvenir le courant aux électromoteurs, jusqu'à ce qu'ils soient eux-mêmes dépassés et redevenus inactifs. On conçoit ainsi que l'avancement de la voiture le long de la voie peut être continu et que les plots de contact ne peuvent se trouver électrisés que lorsqu'ils sont recouverts par les véhicules automoteurs.

Mentionnons encore, parmi les systèmes de tramways à prise de contact au niveau du sol, celui de M. Lacroix qui a été exploité à Marseille sur une ligne reliant la gare Saint-Charles à Notre-Dame de la Garde, et qui se rapprochait par certains points du principe appliqué par la Compagnie Westinghouse, sauf quelques variantes dans la disposition de l'électro-aimant appelé par l'inventeur de ce procédé : auto-commutateur balistique, et des frotteurs constitués par des sortes de brosses à fils métalliques.

Tel est l'état de la question de la traction électrique sur les réseaux de tramways urbains et suburbains. Quant à la question du prix de revient, nous dirons que les lignes à caniveau entraînent des frais de premier établissement sensiblement plus élevés que ceux nécessités par les lignes avec canalisation aérienne. Ainsi, le réseau de Budapest a coûté 40.000 francs le kilomètre, les lignes Thomson-Houston de Paris 60.000, et celles de Blackpool près de 100.000. Les tramways avec plots de contact ont un coût bien moindre et qui ne dépasse pas 25 francs par mètre courant, soit 25.000 francs par kilomètre. Quant aux frais de traction par voiture-kilomètre ils sont, à peu de chose près, les mêmes qu'avec les canalisations aériennes, l'entretien des plots n'étant pas plus coûteux que celui des poteaux et des conducteurs aériens.

La recherche du moyen le plus pratique et le plus économique pour faire parvenir à un véhicule circulant sur une voie ferrée, l'énergie nécessaire à tout instant pour sa progression, a suscité encore un autre procédé, qui dérive des précédents et a reçu comme eux de nombreux usages. C'est celui par conducteur spécial, ni suspendu en l'air ni enterré dans le sol, mais disposé parallèlement aux voies, à une hauteur variable mais ordinairement assez faible, au-dessus du sol. Ce dispositif a surtout été appliqué aux véritables chemins de fer, ainsi que nous le verrons dans les chapitres qui suivent, mais on le trouve également employé sur des lignes spéciales, tenant le milieu entre le tramway proprement dit et le véritable chemin de fer, et dont le Métropolitain de Paris constitue l'exemple le plus typique. Nous rappellerons donc succinctement quelles sont les dispositions générales données à cette exploitation, créée en 1900.

L'usine génératrice, fournissant l'énergie aux lignes actuellement en service, est située à proximité de la Seine, au quai de Bercy. Elle comprenait au début deux groupes électrogènes à courant continu de 1.500 kilowatts sous tension de 600 volts et deux groupes à courants triphasés de même puissance sous tension de 5.000 volts et fréquence 25, ceux-ci destinés à l'alimentation des sous-stations éloignées, où ce courant est transformé également en continu à 600 volts. Cet outillage a été augmenté à mesure que de nouveaux branchements ont été mis en exploitation, et de nouvelles unités ont été ajoutées aux premières pour assurer l'alimentation du réseau.

L'usine de Bercy emploie la vapeur comme force motrice ; ce fluide, produit par des batteries de chaudières multitubulaires, travaille dans des moteurs verticaux à deux cylindres et à condensation. La distribution est du système Corliss ; la puissance développée à 70 tours par minute est de 2.600 chevaux, avec de la vapeur à 9 kilogrammes de pression. Le volant atteint un poids de 63 tonnes, et l'arbre de couche seul, avec ses deux manivelles, pèse 20 tonnes. La commande des dynamos est directe ; l'inducteur est multipolaire, l'excitation opérée en dérivation. L'induit est porté par un moyeu de fonte calé sur l'arbre de la machine à vapeur et monté sur une couronne en fonte portant les tôles et le bobinage, lequel est constitué par des barres logées dans des rainures pratiquées dans les tôles, avec interposition de tubes isolants. Les connexions de ces barres entre elles et avec le collecteur sont opérées par des segments en cuivre.

Les alternateurs sont également à commande directe ; leur inducteur est mobile tandis que l'induit est fixe. Le premier, à pôles radiants en acier coulé, est monté dans un essieu en fonte en deux parties formant volant, ces deux parties étant assemblées à l'aide de frettes. L'induit est aussi en deux pièces et forme une couronne reposant sur des plaques de fondation. Dans cette couronne est enchâssé le noyau induit en tôle mince ; les bobinages sont logés dans des rainures pratiquées dans les tôles, et sont isolés par des tubes en fibre.

Les commutatrices destinées à assurer les divers services accessoires de l'usine alimentés de courant continu ont une puissance de 1.500 kilowatts et tournent à 1.500 tours par minute ; elles sont disposées pour recevoir des courants triphasés obtenus par un groupement convenable des transformateurs-réducteurs. Leur mise en marche est effectuée au moyen d'une batterie d'accumulateurs et leur rendement est de 94 0/0.

Les transformateurs réducteurs ont une puissance unitaire de 350 kilowatts; ils sont prévus pour fonctionner à pleine charge sans ventilation artificielle. Les groupes servant à l'excitation des grandes unités sont constitués par un moteur à courant continu de 600 volts entraînant directement une génératrice également à courant continu donnant, sous une tension de 100 volts, une puissance de 50 kilowatts.

Du tableau de distribution partent les feeders alimentant le réseau dans ses parties les plus rapprochées de l'usine, ou se rendant aux sous-stations de l'Étoile, Louvre, Barbès, Ménilmontant, chargées de transmettre le courant aux branchements les plus éloignés. Le matériel de ces sous-stations se compose de 3 commutatrices de 750 kilowatts sous 600 volts de tension, 9 transformateurs de 250 kilowatts sous 5.000-360 volts, 2 survolteurs de 250 kilowatts sous 600-100 volts, 1 batterie d'accumulateurs de 1.800 ampères-heure et des tableaux de distribution pour la commande des divers services, avec départ de 2 feeders à courant continu de 1.500 kilowatts sous 600 volts et arrivée de 3 feeders à courant alternatif de 1.500 kilowatts sous 5.000 volts.

Les voies du Métropolitain de Paris sont établies en rails Vignole à patin pesant 52 kilogrammes par mètre courant; chaque tronçon mesure 15 mètres de longueur et repose sur 16 traverses en hêtre créosoté ou injecté ; les liaisons sont opérées par une selle avec tirefonds. L'extrémité des traverses, situées à 3 mètres l'une de l'autre, supporte le conducteur servant de prise de courant électrique ; ce troisième rail est placé dans l'entrevoie, à 0 m. 33 du rail de roulement, il est en fer et pèse 39 kilogrammes au mètre courant ; il

FIG. 18. — Trains du Métropolitain de Paris arrivant à une station.

est maintenu sur les traverses à l'aide de coussinets.

Le matériel roulant actuellement employé a succédé à celui du début qui avait donné lieu à de graves mécomptes. Il a été construit par les Établissements Thomson-Houston qui ont appliqué un nouveau système de régulation par unités doubles ; c'est-à-dire par trains comportant deux voitures automotrices. Les nouvelles voitures diffèrent des primitives au point de vue de l'aménagement ; elles sont à couloir longitudinal et à rangées de sièges transversales, avec deux places d'un côté et une seule de l'autre. Vingt voyageurs debout (quelquefois le triple aux heures d'affluence) et 30 assis peuvent y trouver place. Les portes sont formées de deux panneaux à coulisse, laissant une ouverture de 1 m.30 à 1 m.90 pour la circulation ; il y en a deux de chaque côté des voitures.

Les trains sont composés de huit voitures, dont deux motrices et leur longueur atteint 72 mètres. Les automotrices perfectionnées à deux bogies ont été mises récemment en service ; elles sont munies de quatre moteurs au lieu de deux, avec régulation en série parallèle de chaque groupe de deux moteurs de 100 chevaux.

La loge du wattman-conducteur renferme toute la série d'appareils indispensables à assurer les diverses commandes ainsi que la sécurité, c'est-à-dire le combinateur (ou controller), les disjoncteurs automatiques, coupe-circuits, parafoudre, rhéostats, inverseur électro-magnétique pour marche arrière, compresseur d'air électrique à commande automatique, enfin les appareils propres au dispositif de régulation : commutateur, coupleur à deux fiches pour inverseur, et coupleur pour câble de train.

Nous ne nous étendrons pas davantage sur cette question de la traction électrique appliquée aux chemins de fer aériens ou souterrains à arrêts nombreux, remplissant ainsi le rôle de tramways urbains, avec cet avantage d'une plus grande vitesse, puisqu'ils utilisent des voies spécialement créées pour leur circulation. Sur le Métropolitain de Paris, le maximum de vitesse autorisé est fixé à 36 kilomètres à l'heure, ce qui donne une vitesse commerciale d'environ 24 kilomètres, c'est-à-dire du double supérieure à celle des tramways à traction mécanique circulant à la surface.

L'agencement des usines génératrices est sensiblement le même dans les diverses entreprises actuellement en service ; toutefois, et de même que pour les secteurs spécialement destinés à l'alimentation des réseaux d'éclairage, on tend à remplacer dans ces usines, pour la commande des dynamos et des alternateurs, les monstrueuses machines à vapeur à piston, avec leurs volants formidables, par des turbo-moteurs à rotation directe, accouplés aux génératrices de courant continu ou alternatif.

Ainsi donc, nous sommes en présence, pour la traction électrique, de plusieurs procédés bien distincts et ayant chacun leur raison d'être : voitures autonomes transportant leur provision d'énergie, sous forme de travail chimique emmagasiné dans des accumulateurs ou fabriqué à mesure, à l'aide d'un petit groupe électrogène, les véhicules dépendants avec prise de courant sur canalisation aérienne, souterraine, ou au niveau du sol, par plots ou par troisième rail. Il ne nous reste plus, pour être complet, qu'à dire un mot des *tramways sans rails*, à trolley automoteur, que l'on peut voir fonctionner à Fontainebleau, à Grasse et à Montauban.

Les voitures de ce tramway, construites par la Maison Lombard-Gérin, ont l'aspect d'un grand omnibus pouvant contenir, à l'intérieur, dix-huit places assises et quatre debout. Ces voitures, très confortables, éclairées à l'électricité, sont de dimensions variables suivant les services auxquels elles sont affectées. Le moteur électrique est disposé sur l'essieu d'arrière ; le courant lui est fourni par une usine centrale à l'aide d'un fil aérien soutenu par des poteaux plantés au bord de la route. Un trolley automoteur, sorte de petit chariot mû par un électromoteur, relié par un câble souple à la voiture, circule le long de ce circuit à deux conducteurs. Grâce au câble souple, la voiture peut évoluer librement sur la route, tout en conservant son contact avec le fil conducteur, et elle se meut aussi facilement qu'une automobile ordinaire. Les roues sont entourées de bandages en caoutchouc à l'avant et en tissu de chanvre comprimé à l'arrière où est le plus grand poids. La vitesse moyenne de ces voitures, avec leur charge complète de voyageurs, est de 18 kilomètres en plaine et de 12 à 14 sur rampes de 3 et 4 0/0. Ces tramways sur route fournissent une solution intéressante de l'intercommunication entre petites localités ne pouvant fournir qu'un maigre trafic, insuffisant pour rémunérer les capitaux que nécessiterait l'établissement d'une voie ferrée, même économique. Aussi peut-on croire qu'ils trouveront de fréquentes applications, à côté des véritables tramways nécessitant tout un matériel coûteux et n'ayant de raison d'être que dans les agglomérations de quelque importance.

CHAPITRE VI

LES CHEMINS DE FER A TRACTION ÉLECTRIQUE

La substitution de la traction électrique à la traction à la vapeur sur les grands réseaux de chemins de fer est à l'ordre du jour un peu partout, et, partant du proverbe : « Qui peut le plus peut le moins », il semble que ce n'est plus maintenant qu'une question de temps pour voir les « trains-éclairs électriques » succéder, sur les grandes lignes européennes, aux rapides, remorqués par des locomotives à vapeur. Aux États-Unis, la poussée en faveur de la traction électrique est considérable ; en Allemagne, en Suisse, ce procédé est déjà appliqué, mais en France il est encore très discuté pour diverses raisons que nous exposerons plus loin.

Il semble pourtant que l'électricité est le seul moyen qui permette de réaliser les très grandes vitesses que l'on réclamera, que l'on exigera dans un avenir très prochain et qui résulte de ce que l'on est déjà parvenu à obtenir sur routes ordinaires avec les automobiles. Et lorsque les vitesses de 150 à 200 kilomètres à l'heure seront dans les horaires des chemins de fer, c'est aux intrépides expériences des Jenatzy, des Théry et des Baras qu'on le devra. Certes, il est de nombreuses, de formidables difficultés à surmonter avant d'atteindre, en marche normale et avec pleine sécurité, ces allures foudroyantes de 40 à 50 mètres par seconde, il faudra établir des graphiques nouveaux, et ce sera, pour les spécialistes de ce genre de travail, une besogne formidable, mais, comme le dit spirituellement et avec tant de raison notre maître et ami Max de Nansouty, ils sont prévenus, et, s'ils ne réussissent pas, on pourra leur rappeler avec une amertume obstinée que les « chauffeurs » lancés dans les courses de vitesse au péril du chemin, avec les chiens, les charrettes et les idiots semés sur leur trajet, ont fait du 140 à l'heure sans graphiques du tout ni block-system protecteur ; la leçon aura été bonne.

Nous n'avons que l'embarras du choix entre les lignes de chemins de fer aujourd'hui « électrifiées » et sur lesquelles circulent, au lieu de locomotives à vapeur, des trains remorqués par des locomotives électriques, ou par des automotrices, comme dans les tramways et les métropolitains. Nous parlerons des uns et des autres dans ce chapitre, en nous attachant de préférence aux spécimens les plus intéressants et qui sont maintenant en usage courant dans les divers pays du monde.

Cela a été tout d'abord pour la traction sous les tunnels que l'on a songé à recourir à la traction électrique, et c'est dans le grand tunnel de Baltimore, qui ne mesure pas moins de deux kilomètres et demi de long, qu'elle a été appliquée pour la première fois en 1895 par la *General Electric C°*. Les locomotives constituent la partie la plus intéressante de cette installation ; elles se composent de deux trucks, reliés par une articulation centrale, de façon que chacun d'eux puisse suivre toutes les inflexions de la voie. Ils sont pourvus chacun deux moteurs et montés sur double essieu, soit huit ues motrices au total. L'effort de traction normal est 18 tonnes, porté à 28 tonnes au moment du démarge. L'empattement des roues d'un truck est de 2 m.08, diamètre des roues de 1 m. 57, la hauteur totale de locomotive 4 m. 35.

Les moteurs sont soutenus entre les brancards des ıcks par des ressorts à lames, de façon à ce que l'are de chaque paire de roues passe suivant l'axe de l'are creux du moteur correspondant, ce qui donne une ande souplesse à l'accouplement, évite les chocs au marrage et permet au moteur de tourner excentriquement, par rapport à l'axe des roues. Ces moteurs, à 6 pôles, fectent une forme pyramidale ; ils absorbent une intenté de 900 ampères sous une tension de 300 volts et veloppent 360 chevaux : les balais en charbon, au mbre de six, sont montés sur un anneau que l'on peut ire complètement tourner autour de son axe pour vérir l'état de conservation de ces pièces. La locomotive, mportant quatre moteurs identiques, peut donc dévepper plus de 1.400 chevaux.

La prise de courant, sur les deux conducteurs suspens à la voûte du tunnel, est opérée à l'aide de trolleys patin montés sur un cadre articulé ; cette disposition donné une entière sécurité et la liaison est parfaite tre la ligne aérienne et la locomotive. Le poids total cette machine atteint 90 tonnes, ce qui assure un efficient d'adhérence très élevé ; sur rampes de 0,8 0/0 vitesse d'un train de 350 tonnes remorqué par cette comotive est encore de 50 kilomètres à l'heure.

En France, c'est la Compagnie des chemins de fer de ıris à Orléans qui a adopté la première la traction électrique sur une partie de son réseau, en utilisant des locomotives analogues à la précédente mais de poids et de puissance moindres. Tout d'abord, le rôle de ces machines se borna à remorquer les trains de grandes lignes, de la gare d'Austerlitz au terminus du quai d'Orsay, par le tunnel pratiqué sous les quais de la Seine, puis, devant les avantages de toute nature reconnus à ce système de traction, l'installation du « troisième rail » de distribution de courant fut réalisée entre la gare d'Austerlitz et celle de Juvisy, à 20 kilomètres de Paris.

Les locomotives employées au début avaient un poids inférieur de moitié à celui des puissantes machines du *Baltimore and Ohio Railway*, c'est-à-dire qu'il ne dépassait pas 45 tonnes, avec une puissance de 700 chevaux. Le courant produit dans une usine électrique établie dans les dépendances de la gare d'Ivry, par des alternateurs triphasés de 1.000 kilowatts, était envoyé sous une tension de 5.500 volts, ramenée à 500 dans une sous-station pourvue de transformateurs tournants. Le courant continu à 500 volts était alors envoyé dans le « troisième rail » disposé dans l'entrevoie, et sur lequel glissent six frotteurs dont la locomotive est pourvue. Delà, il parvient aux quatre moteurs de 125 kilowatts qui actionnent chacun un essieu. La puissance développée est suffisante pour permettre de remorquer un train de 250 tonnes à l'allure de 60 kilomètres à l'heure, et même de le démarrer sur rampe de 11 millimètres par mètre. La cabine du wattman, située au milieu de la locomotive, renferme tout l'appareillage nécessaire pour la manœuvre : controller, rhéostats, disjoncteurs, leviers de commande des freins, etc. Le sifflet à vapeur est

FIG. 19. — Locomotive électrique Thomson-Houston.

remplacé par un sifflet à air comprimé alimenté par un réservoir spécial.

Le changement de machine s'opère à la gare d'Austerlitz et ne demande pas plus de deux minutes pour s'effectuer, ce qui ne dépasse pas la durée réglementaire de stationnement des trains ; la traction électrique permet d'éviter, dans les parties souterraines de la ligne, toute production de vapeur et de fumée, condition essentielle, comme dans le long tunnel de Baltimore, en même temps qu'elle se prête aux extensions futures et au raccordement des lignes de Sceaux et de Limours à la ligne principale, à la place Saint-Michel.

La Société allemande *Allg. Elektricitats Gesellschafft* a combiné une locomotive électrique pour voie à écartement normal de 1 m. 44, et qui rappelle l'aspect des machines précédentes de la Compagnie Thomson-Houston, car, comme celles-ci, elle est de forme symétrique, avec la cabine du wattman au centre. Le châssis est porté par deux essieux ayant chacun un moteur distinct ; l'empattement est de 2 m. 50, ce qui permet à la machine de franchir des courbes de tout petit rayon. Le diamètre des roues est de 1 mètre, le poids total de 24 tonnes seulement, et la puissance cependant assez grande pour pouvoir remorquer un train de 300 tonnes à la vitesse de 24 kilomètres à l'heure en palier.

La cabine du wattman est vitrée de tous les côtés et les caisses d'avant et d'arrière sont à dessus oblique de façon à n'opposer aucun obstacle aux rayons visuels. On y trouve rassemblés tous les appareils de mesure et leviers de manœuvre : les freins à sabot et à air comprimé. Les signaux sonores sont produits avec un sifflet actionné par l'air comprimé.

Le mécanisme de liaison de la locomotive avec la source d'énergie se trouve au-dessus de la voiture ; la prise de courant s'opère par voie aérienne à l'aide de quatre étriers, que des ressorts à boudin appliquent contre les conducteurs. Pour obtenir le plus grand nombre possible de points de contact entre ceux-ci et l'appareil de prise, ce conducteur est formé de plusieurs fils écartés de 8 millimètres l'un de l'autre et non isolés ; ces fils sont suspendus à des isolateurs fixés à 5 mètres au-dessus des rails et portés par des poteaux en bois ou en fer espacés de 30 à 40 mètres. Les deux moteurs sont posés directement sur les essieux des roues et rattachés par des ressorts à boudin à la partie inférieure du châssis, de façon à empêcher les trépidations et les chocs de la marche de se transmettre à ces organes.

La transmission du mouvement aux essieux est opérée par un train d'engrenages enfermé dans un carter pour faciliter le graissage et empêcher la pénétration des poussières. La vitesse de rotation des moteurs est de 300 par minute, la tension du courant étant de 500 volts. Les variations de vitesse sont obtenues par des couplages différents entre les moteurs. La puissance totale développée par ceux-ci est de 300 chevaux, avec une intensité de courant de 550 ampères.

Cette locomotive est disposée pour pouvoir fonctionner, le cas échéant, à l'aide d'accumulateurs disposés alors dans un tender spécial, lorsque le courant de la ligne fait défaut. D'après les essais prolongés qui ont été faits en 1902 et 1903, le travail dans les gares, avec cette machine, permet de réaliser une économie qui n'est pas inférieure à 40 pour 0/0 sur la locomotive à vapeur. De plus, un seul ouvrier suffit à la manœuvre :

un wattman, tandis qu'il faut deux hommes, un mécanicien et un chauffeur sur une machine à vapeur. Ces avantages sont tels que ce type de tracteur électrique est rapidement devenu d'un usage courant en Allemagne, en attendant que les autres pays l'adoptent à leur tour, ce qui n'est plus qu'une question de temps.

Si nous revenons maintenant en France, nous rappellerons, comme premier exemple d'une ligne de chemin de fer exclusivement à traction électrique, la ligne de Paris, gare des Invalides, à Versailles, en service régulier depuis plusieurs années déjà, et qui est remarquable déjà par les rampes qui s'y rencontrent et ne sont pas moindres de 10 pour 0/0 sur plus de dix kilomètres de parcours. Le service est opéré, non plus par des locomotives du genre de celles qui ont été décrites jusqu'à présent dans ce chapitre, mais par des automotrices d'un système particulier.

La ligne des Invalides à Versailles présente un développement de 14.600 mètres ; elle traverse la plaine d'Issy sur un long viaduc en maçonnerie et les bois de Meudon dans un tunnel de 3.500 mètres dont le percement a donné lieu à d'énormes difficultés qui ont considérablement élevé le prix de cet embranchement cependant assez court. L'usine génératrice est située aux Moulineaux, à proximité de la Seine ; l'énergie est produite sous forme de courants triphasés à 5.000 volts de tension, à une fréquence de 25 périodes par seconde, et elle est transmise à trois sous-stations, situées le long de la ligne, et où cette énergie est transformée en courant continu à 350 volts de tension par des commutatrices.

La canalisation du courant à haute tension est opérée

par câbles armés contenant trois conducteurs. Six câbles partent de l'usine des Moulineaux pour se rendre aux sous-stations ; leur section va de 150 à 100 millimètres carrés. Les sous-stations renferment un groupe de mise en marche et trois groupes de transformation comportant chacun un système de transformateurs triphasés couplés en triangle, et une commutatrice de 300 kilowatts, à laquelle est adjoint une bobine de self-induction servant au compoundage de la génératrice, suivant les

Fig. 22. — Groupe moteur-transformateur pour sous-station électrique.

variations de la charge. La tension est maintenue constante par un régulateur d'induction permettant une variation de 15 0/0 en plus ou en moins de la tension du groupe correspondant. Le groupe de démarrage est constitué par un moteur asynchrone de 60 chevaux et une dynamo de 80 ampères, 350 volts à accouplement direct. La commutatrice fonctionne donc, au moment du démarrage, comme moteur à courant continu ; le moteur asynchrone a son stator connecté en triangle ; il est alimenté sous une tension de 440 volts par trois transformateurs qui permettent d'abaisser la tension au moment du démarrage ; le rotor est constitué par une simple *cage d'écureuil*.

La canalisation d'alimentation des trains est formée par un troisième rail, disposé parallèlement aux rails de roulement, et supporté par des isolateurs ; il est relié aux sous-stations par des câbles armés recouverts d'isolant, formant feeders de retour. Son poids est de 46 kilogrammes par mètre courant ; il se trouve à 60 centimètres du rail de roulement intérieur et à 0 m. 20 au-dessus du plan des voies. Chaque tronçon est réuni au suivant par un éclissage en cuivre de même section que le conducteur, et la ligne est divisée en sections de 1 kilomètre de longueur, raccordées les unes aux autres par des boîtes de sectionnement, avec interrupteurs enclanchés pouvant être libérés par le jeu d'une pédale extérieure.

En ce qui concerne le matériel roulant, il comporte des automotrices de la *Société de Locomotion Electrique*, et des unités multiples, systèmes Thomson-Houston et Sprague. Les premières ont une caisse symétrique : au centre, le fourgon à bagages, aux deux extrémités, cabines de manœuvre ; cette caisse montée sur deux bogies, soit quatre essieux tous moteurs. Ces véhicules sont établis pour remorquer des trains de 200 tonnes (y compris leur poids qui est de 50 tonnes) à une vitesse de 50 kilomètres à l'heure, qui peut être portée à 100 kilomètres le long des pentes descendantes. Six sont pourvus de moteurs Westinghouse ou Brown-Boveri sans réduction, les autres de moteurs Thomson-Houston à simple réduction. Trois sont fixés directement au châssis du bogie, disposition avantageuse pour les grandes vitesses. Un arbre creux entoure l'essieu du bogie, laissant un jeu suffisant pour éviter tout contact avec cet essieu. L'arbre creux tourne dans deux coussinets de fort diamètre, solidaires du châssis ; la transmission à l'essieu du mouvement de cet arbre est effectuée par six ressorts à boudin formant entraînement élastique, ressorts qui sont fixés d'une part à la roue, de l'autre aux extrémités d'une étoile à trois branches qui termine l'arbre creux.

Les moteurs commandent les essieux par trains d'engrenages ; ils possèdent un induit en forme de tambour, des inducteurs feuilletés à quatre pôles ; l'effort de traction qu'ils produisent est de 600 kilogrammes à 550 tours, et peut être porté à 1.500 kilogrammes au démarrage qui est obtenu par le groupement en série-parallèle des quatre moteurs, le couplage, en marche normale, étant simplement en parallèle.

Les frotteurs de prise de courant sont au nombre de quatre et disposés à chacun des angles du véhicule ; ils comprennent deux ailes en acier coulé, montées à charnières, partiellement équilibrées par des ressorts. Cette forme effilée donnée aux extrémités des ailes et qui rappelle la forme d'un soc de charrue, permet une introduction facile du frotteur dans l'ouverture du garde-bottes protecteur du rail de distribution.

Certains trains dits « à traction par unités multiples » permettent d'obtenir une meilleure utilisation de l'énergie électrique produite par l'usine des Moulineaux, et sont caractérisés par l'accouplement de plusieurs voitures automotrices faisant partie d'un train relativement léger. Il en existe de deux systèmes : celui de Sprague et celui de la Compagnie Thomson-Houston, qui, tous les deux, donnent une solution intéressante du problème de la commande à distance des moteurs électriques, d'un point quelconque d'un train.

Dans le premier système chaque voiture motrice est pourvue d'un *controller* ou combinateur, analogue comme aspect à celui de tous les véhicules électromobiles, mais au lieu d'être manœuvré à la main par le wattman, cet appareil reçoit son mouvement d'un servo-moteur commandé par des circuits auxiliaires. Le réglage de la marche des trains électriques comportant un nombre quelconque de voitures motrices, par le procédé Sprague, consiste, en principe, à disposer une canalisation tout le long du train, et qui est destinée à ne transmettre qu'un faible courant et qui comprend quatre ou cinq conducteurs. Cette canalisation n'a d'autre but que d'actionner par relais des coupleurs locaux effectuant sur les moteurs de chaque voiture les diverses combinaisons nécessaires pour obtenir telle ou telle vitesse et l'arrêt. Les tronçons de cette canalisation sont réunis d'une voiture à l'autre par des câbles souples, et les extrémités en sont reliées, d'une part à la ligne du commutateur principal de chaque cabine de manœuvre, et de l'autre aux circuits de régulation locale.

Les connexions destinées à envoyer le courant aux moteurs sont établies au moyen de trois tambours coupleurs qui correspondent aux trois organes suivants : inverseur pour le changement de marche par modification des connexions et du sens de marche du courant dans les inducteurs ; rhéostat pour faire varier les résistances en circuit ; commutateur pour le couplage en série-parallèle. Par l'intermédiaire de ces divers organes, l'action sur le controller ou régulateur local est obtenue par un moteur-pilote commandé par les relais, et les manœuvres suivantes peuvent être opérées d'une cabine quelconque : 1° ralentissement spontané (circuit ouvert), 2° groupement série, 3° groupement parallèle, 4° arrêt automatique, 5° relais pour couplage automatique.

Le système de commande d'unités multiples de la Compagnie Thomson, appliqué aux trains de la gare des Invalides à Versailles et de la gare terminus du quai d'Orsay à Juvisy (réseau de banlieue de la Compagnie d'Orléans) est beaucoup moins compliqué et il fournit des résultats aussi précis, tout en répondant aux mêmes nécessités.

Les ateliers de construction d'Oerlikon (Suisse) ont établi le matériel électro-mécanique de plusieurs lignes, en Suisse et en Italie, et nous devons dire aussi quelques mots des moyens mis en action sur ces chemins de fer, dont les premiers ont été mis en exploitation en 1896.

La ligne de Meckenbeuren à Tettnang est une des premières à voie normale servant au transport des voyageurs et des marchandises suivant un horaire régulier, qui aient été réalisées en Europe. Elle est desservie par 26 trains, suffisant au service journalier, mais en cas d'affluence, ce nombre peut être augmenté de trains supplémentaires. Le parcours est de 4 kilomètres 5, toujours en pente, avec courbes d'un rayon minimum de 180 mètres, et l'on y rencontre 15 changements de voie et un croisement.

La canalisation amenant le courant est aérienne ; le

conducteur est maintenu dans l'axe de la voie par des fils d'acier tendeurs, fixés à des poteaux en fer plantés de chaque côté de la ligne. L'un des rangs de poteaux supporte le feeder d'alimentation du fil de travail, l'autre les conducteurs téléphoniques et télégraphiques du service. Les rails servent de retour au courant ; leur résistance n'atteint qu'un centième d'ohm par kilomètre, grâce au soin apporté dans l'éclissage électrique des rails.

La traction des trains est effectuée par des automotrices équipées avec deux moteurs de 24 chevaux couplés en série, ce qui réalise le montage le plus simple et le plus sûr ; un trolley à ressort assure la captation du courant sur la ligne aérienne. Le courant traverse une série de résistances intercalées dans le circuit principal des moteurs et permettant de régler la vitesse ; sur son trajet sont intercalés les appareils de sécurité : parafoudre, coupe-circuit, etc., et les interrupteurs habituels.

Les automotrices ont un poids de 15 tonnes en ordre de marche ; elles comprennent, de l'avant à l'arrière, la cabine du wattman, un coupé pour la poste, deux compartiments de voyageurs et un compartiment pour les bagages. Elles sont éclairées et chauffées électriquement, par lampes à incandescence et plaques radiantes. L'effort de traction est de 350 kilogrammes à la vitesse de 30 kilomètres, et 1200 kilogrammes à 8 kilomètres, vitesse suffisante pour la traction de trains de marchandises pesant 55 tonnes.

L'exploitation de cette ligne est des plus économiques, car l'énergie est fournie par une usine hydro-électrique organisée à Brochenzell sur la Schüssen ; une chute de 2 m. 65 de haut et d'un débit de 6 mètres cubes d'eau

Fig. 21. — Réseau de tramways électriques de Rome
(Cie Française Thomson-Houston).

par seconde actionne deux turbines développant, l'une 75, l'autre 45 chevaux. Ces turbines commandent, par engrenages d'angle et transmission par câbles, les deux extrémités d'un arbre de couche composé de deux tronçons pouvant être réunis par un manchon d'accouplement, ou séparés, de manière à fonctionner individuellement. Cet arbre actionne une génératrice à courant continu à quatre pôles, d'une puissance de 43 kilowatts à la tension de 700 volts, dont le courant alimente la ligne aérienne du chemin de fer et peut développer par moments jusqu'à 60 kilowatts ; l'autre tronçon commande un alternateur de 40 kilowatts à 2.200 volts, avec son excitatrice calée au bout de son arbre. Cet alternateur assure l'éclairage et le service de la force motrice à la station de Tettnang, où la ligne électrique se raccorde au réseau des chemins de fer wurtembergeois.

Depuis la mise en service de cette ligne, le trafic n'a fait qu'augmenter d'année en année, et il a fallu doubler l'installation par l'adjonction d'une puissante batterie d'accumulateurs permettant de mieux utiliser la force motrice hydraulique, et organiser une station de secours, ou mieux de réserve, avec machine à vapeur de 60 chevaux. Les dynamos et les alternateurs de ces deux stations génératrices peuvent alors être couplés lorsqu'il est nécessaire, en parallèle, afin de doubler la force disponible.

La Compagnie l'*Industrie Electrique* de Genève s'est également occupée de la question de la traction électrique sur voies ferrées et elle a équipé, entre autres lignes, celle de Chavornay-Orbe, de 4 kilomètres de longueur, qui relie la gare de Chavornay, sur la ligne ausanne-Neufchâtel, à la ville d'Orbe. Le rayon minium des courbes est de 150 mètres, et la pente maxium de 25 millimètres par mètre sur 900 mètres. 'écartement des rails est de 1 m. 50 d'axe en axe. La nalisation est aérienne, comme dans l'exemple précéemment cité ; le fil de travail est en acier, de 6 millièrtres de diamètre, alimenté par un conducteur en uivre supporté par la ligne de poteaux.

Le matériel roulant se compose d'automotrices serant de voitures à voyageurs et d'un fourgon à bagaes également automoteur. Les voitures sont du type néricain, à couloir central et plates-formes avec escaers aux deux extrémités ; il n'y a qu'une seule classe e voyageurs, mais avec compartiments pour les on-fumeurs (plus rares en Suisse et en Allemagne ue les fumeurs). Chaque voiture comprend 32 plaes assises et 13 debout sur les plates-formes, soit 5 places en tout ; leur longueur entre tampons est de m. 85. Elles sont munies de deux moteurs électriques e 30 chevaux chacun, tournant à 300 tours seulement ar minute, et peuvent remorquer d'autres voitures à oyageurs ou des fourgons à marchandises jusqu'à oncurrence de 30 tonnes. Le fourgon comporte deux ompartiments distincts : l'un d'eux, mesurant 3 m. 50 e long, contient le moteur électrique, les appareils de nise en marche, de commande des freins et la place du 'atman ; l'autre, qui mesure 2 m. 50, est destiné au ervice de la messagerie : bagages, colis, marchandises e toute nature, et même, le cas échéant, au transport du étail.

L'usine génératrice est située sur la rivière l'Orbe, un peu plus d'un demi-kilomètre de la gare ; cette usine, devant alimenter non seulement la canalisation aérienne du chemin de fer mais un réseau d'éclairage et de force motrice, contient trois turbines pouvant fournir 260 chevaux ensemble, en marchant associées ou séparément, suivant les besoins. Elles commandent les dynamos par courroie; l'unité destinée au service du chemin de fer est du système Thury et peut fournir 45 kilowatts sous une tension de 600 volts; le courant d'excitation lui est fourni par une petite machine bipolaire du même type, fournissant 5.500 watts.

La vitesse de marche autorisée est, sur cette ligne, de 15 kilomètres à l'heure seulement, mais les moteurs électriques dont les automotrices sont munies permettent de dépasser de beaucoup cette allure. Ce chemin de fer, ouvert à l'exploitation il y a treize ans, a constamment fonctionné à la satisfaction générale depuis cette époque. Et, alors que la première année il avait transporté 2.600 voyageurs et 1.700 tonnes de marchandises, en 1906 ce chiffre a été de 44.000 personnes et près de 3.000 tonnes.

Il nous serait facile de continuer ces descriptions de lignes de chemins de fer à traction électrique entrés dans l'usage pratique, car ce mode de locomotion a pris en peu de temps une extension considérable résultant des avantages de toute espèce qu'on leur a reconnus à l'usage et que l'expérience a mis en pleine évidence. Mais nous sommes limité par le nombre de pages que doit compter cet ouvrage et il nous reste encore à examiner de nombreuses autres applications de la traction sur voies ferrées à l'aide de l'énergie électrique. Aussi force est-il de nous borner à une brève énumération des réseaux actuellement en exploitation dans le monde entier, et rappeler, parmi les lignes ainsi « électrifiées », celles dont le nom suit, sans prétendre que cette liste qui augmente tous les jours soit complète :

Ligne de Nantasket-Beach, sur le réseau de New-York-New-Haven-Hartford, longueur 17 kilomètres, traction par canalisation aérienne et partie par troisième rail.

Chemin de fer de Berlin à Wansee, distribution par troisième rail.

Ligne de Détroit à Port-Huron (U. S. A.), mesurant 95 kilomètres de longueur parcourus à la vitesse de 70 à l'heure par des automotrices isolées, à moteurs à courant continu développant de 200 à 300 chevaux.

Réseau de Lawrence, Lowell et Haverwill, desservi par courant alternatif à 5.500 volts, transformé en courant continu à 600 volts pour l'alimentation des moteurs.

Réseau interurbain de Cleveland (Ohio), desservi par automotrices isolées, à 70 kilomètres à l'heure.

Réseau de Buffalo-Niagara-Falls, à distribution par ligne aérienne. Vitesse 55 kilomètres à l'heure.

Ligne de Dusseldorf à Crefeld (Allemagne), d'une longueur de 27 kilomètres desservie par des automotrices avec remorques, vitesse 60 kilomètres.

Réseaux italiens, lignes de Milan à Monza et de Milan à Gallarate et aux lacs.

Ligne de Stuttgard à Cannstadt (Allemagne).

Tel est, actuellement, l'état de la question en ce qui concerne l'application de l'énergie électrique, sous forme de courant continu, à la progression des véhicules isolés et des trains sur les voies de chemins de fer. Dans les pages qui vont suivre, nous épuiserons le sujet en examinant l'application des courants alternatifs monophasés et polyphasés au même genre de locomotion.

CHAPITRE VII

TRACTION ÉLECTRIQUE A GRANDE VITESSE

Dans le but d'augmenter le rayon d'action des usines génératrices ou des sous-stations qui en dépendent, on recourt à l'usage des courants de haute tension que l'on transmet directement aux véhicules moteurs. De cette façon, il est possible d'abaisser considérablement l'intensité du courant à transmettre, et d'amplifier le rayon d'action de ces usines ou sous-stations.

La solution la plus simple du problème eût été, conservant l'emploi du courant continu, de construire des moteurs dont les enroulements auraient été assez bien isolés pour résister aux plus hautes tensions ; on aurait ainsi recueilli deux avantages. D'une part, on aurait gardé le moteur série parallèle qui s'adapte admirablement aux nécessités de la traction, d'autre part on aurait conservé une disposition de conducteurs qui ne donne lieu qu'à des pertes ohmiques, tandis que, dans les conducteurs parcourus par des courants alternatifs, la résistance apparente, beaucoup plus grande, détermine des baisses de tension. Mais on a été arrêté par un obstacle jusqu'à présent insurmontable : les collecteurs des moteurs à courant continu ne peuvent supporter les très hautes tensions et le chiffre de 1000 volts ui n'a pu être dépassé a été jugé insuffisant. C'est ourquoi on est arrivé, dans ces dernières années, à référer les courants alternatifs au courant continu, pour a traction sur les réseaux très étendus.

On avait le choix entre les courants alternatifs simples t les courants polyphasés. Les avantages que les ourants alternatifs procurent pour la production du ravail mécanique sont trop évidents pour qu'on n'ait as essayé de les utiliser. Mais on ne parvint pas à éaliser des moteurs monophasés appropriés aux besoins le la traction. Ceux sans collecteur ne possédaient ucune souplesse, et ceux avec collecteur ne purent éussir à éviter la production des étincelles qui détérioaient rapidement cette pièce. Les constructeurs orienèrent alors leurs recherches sur les moteurs à champ ournant, qui n'ont aucunement besoin de collecteur, et lémarrent sous charge. Restait à élucider la question le l'amenée du courant à ces moteurs : les expériences le Zossen et du chemin de fer de la Valteline ont nontré plusieurs procédés absolument pratiques. Seuement, on ne pouvait employer moins de deux fils pour e transport de l'énergie et une modification de la itesse n'était possible qu'avec de grandes pertes de ravail, ces dernières étant maxima au moment du lémarrage.

La solution n'était donc pas complète, et il est explicable que certains inventeurs n'aient pas persisté à s'engager dans cette voie, mais se soient acharnés lans leurs recherches à rendre le moteur alternatif nonophasé appropriable à une exploitation de chemin le fer. On s'y prit de différentes façons : les ateliers d'Oerlikon voulurent construire des locomotives sur lesquelles un moteur d'induction installé marche sans interruption, accouplé à une machine dynamo à courant continu alimentant les moteurs, disposés sur les essieux. Arnold, en Amérique, voulait recourir à l'action de l'air comprimé pour suppléer à l'insuffisance du couple au démarrage. Mais ces deux méthodes conduisaient à des systèmes de construction très embarrassants. On revint de nouveau au moteur à collecteur. La compagnie Westinghouse, de Pittsburg, fut la première à publier le succès de la solution trouvée par un de ses ingénieurs, M. Lamme, et à annoncer qu'elle allait procéder à l'équipement électrique des automotrices devant circuler sur la ligne de Washington à Annapolis, avec ces moteurs. C'était en 1902, et l'exploitation de ce système est à peine commencée.

En 1903, il circulait sur le réseau des tramways urbains de Milan une voiture munie d'un moteur à courant monophasé dû à M. le Dr Finzi, et, en Allemagne, vers la même époque, deux lignes d'essai étaient mises en exploitation avec moteurs à courants alternatifs, par la Compagnie d'électricité l'*Union*.

La première est une petite voie établie dans l'enceinte des ateliers de la compagnie, et ne se distingue en rien, extérieurement, d'une ligne de tramways ordinaire. Elle est alimentée par un courant alternatif monophasé de 40 périodes sous une tension de 600 volts. La voiture d'essai est pourvue de deux moteurs de 40 chevaux. Le combinateur a le même aspect que celui des moteurs à courant continu. La voiture est aussi disposée pour le freinage électrique par établissement de court-circuit. Cette voiture d'essai servit de modèle pour une grande commande de 20 voitures que la comgnie l'*Union* avait reçue au mois de mai de la Société ionale des chemins de fer vicinaux de Bruxelles ır desservir son réseau étendu du Borinage.

La seconde ligne est celle de Johannisthal-Spindsfeld, qui fut mise à la disposition de la compagnie *nion* par l'administration des chemins de fer prusns. Elle a 4 kilomètres de longueur, elle est à voie ıple avec une gare intermédiaire, dans laquelle la voie d'essai venait se garer pour laisser passer les trains norqués par les locomotives à vapeur. Les voitures ient fournies par l'administration des chemins de fer, totalité de l'équipement électrique était à la charge la Compagnie l'*Union*. Depuis l'année dernière la ne est en exploitation régulière, depuis ces derniers nps des trains complets sont en service.

La voiture automotrice pèse, en ordre de marche, tonnes, sur lesquelles il y en a 6 qui incombent à quipement électrique. Elle possède deux moteurs de 5 chevaux qui sont fixés tous deux sur le même bogie, e excitatrice et un combinateur sur chaque plateme. Elle est aménagée pour la commande du train ın bout à l'autre, de sorte qu'un nombre quelconque voitures semblables peuvent être couplées ensemble commandées d'une seule plate-forme. La prise du ırant sur le conducteur s'effectue par deux courts hets ; à l'afflux éventuel d'un courant trop intense pposent des interrupteurs de courant automatiques des fils fusibles. De plus, dans la voiture se trouve petit transformateur alimentant le moteur de la npe à air, qui fournit le courant aux appareils clairage. Il n'y a pas de résistances intercalées.

Les moteurs sont construits, d'après les données de

Winter et Eichberg, pour une tension de 6. 000 volts à 25 périodes. Ils sont, en permanence, associés en parallèle. L'effet utile des moteurs en pleine marche est naturellement un peu inférieur à celui des moteurs à courant continu ; l'avantage du rendement des moteurs de cette dernière catégorie est contrebalancé par leur grande dissipation d'énergie au démarrage.

Les archets de captage du courant frottent sur un fil aérien par lequel le courant électrique au potentiel de 6. 000 volts est distribué aux moteurs le long de la route ; le circuit est complété par les rails de roulement.

Le mode d'installation du conducteur aérien s'écarte de la méthode habituellement suivie ; on n'a pas fait usage de fils de suspension transversaux, le conducteur est suspendu à un fil longitudinal dans l'axe de la voie. Il est établi et tendu de façon à constituer une suite de chaînettes successives.

De cette série de chaînettes longitudinales, pendent verticalement, à des distances de 3 mètres environ, des fils minces servant d'attaches au conducteur de travail. Une partie de la ligne seulement a un fil de support du conducteur de travail, une autre partie en a deux.

L'expérience décidera lequel de ces deux procédés de montage est le meilleur. Il est facile de reconnaître que, par ce dispositif de suspension du conducteur de travail, celui-ci ne subit presque pas d'effort de tension mécanique, le risque d'une rupture de fil en est essentiellement diminué. Mais comme les points d'attache sont écartés d'environ 3 mètres les uns des autres, les suites funestes d'un accident par rupture éventuelle du conducteur du courant sont par là même considérablement mitigées, parce que l'extrémité du fil rompu ne peut pas descendre à un niveau plus bas que 2 m. 1/2 à peu près au-dessus du plan des rails et par conséquent reste en dehors des atteintes du personnel de la voie.

Autant qu'on en peut juger par les explications publiées, le moteur Lamme et aussi celui du docteur Finzi sont des moteurs sériés, qui absorbent directement une tension allant jusqu'à 160 volts seulement. L'énergie totale doit, par conséquent, dans les deux dispositions, passer par un transformateur d'abord, dans lequel la tension du courant sera abaissée. Il en va tout autrement dans la méthode adoptée par la Compagnie de l'Union. Le moteur y prend immédiatement une tension quelconque, et seulement pour l'excitation la plus petite partie de l'énergie, environ une fraction d'un sixième, comporte un courant dont la tension est réduite.

Il s'ensuit un poids moindre de la voiture et un accroissement du rendement. La diminution du poids mort doit être très appréciée lorsqu'il s'agit de lignes de chemins de fer secondaires qui sont obligés de travailler avec un matériel d'exploitation léger, s'ils veulent couvrir leurs frais et réaliser des bénéfices.

Une autre différence encore gît dans le nombre des périodes. Tandis que la Compagnie Westinghouse et le docteur Finzi travaillent avec des périodes de 16 et demie et de 18 respectivement, le moteur de l'Union est construit pour des périodes de 40. Par là même, toutes les difficultés d'éclairage de la voiture disparaissent. Mais le plus grand avantage de ce système consiste en ce que les lignes peuvent être desservies par les mêmes machines, qui sont construites pour l'éclairage et la force motrice. Il n'y a aucune difficulté de construire un moteur pour des périodes de 50. Cela est tout à fait important pour les réseaux à faible trafic, pour l'exploitation desquels une usine autonome où l'installation de machines particulières dans une usine existante n'est plus économique.

En résumé, il semble que ces essais ouvrent une nouvelle perspective à l'industrie électrotechnique. L'élimination des sous-stations avec le personnel de surveillance, la réduction des dépenses d'équipement des lignes et le rendement favorable de la transmission de l'énergie sont des facteurs d'exploitation qui pousseront vraisemblablement à l'application du système sur les lignes de montagnes traversant de longs tunnels, sur les lignes suburbaines. Sur maints réseaux de chemins de fer secondaires la traction électrique pourra être adoptée, dont les dépenses d'installation, d'après le système à courant continu avec sous-stations et moteurs à champ tournant, ne se justifieraient pas.

L'importance du problème à résoudre n'échappe à personne. On reconnaît, en effet, que, pour le trafic des grandes lignes, le moteur à courant continu de basse tension exige une très sérieuse dépense, en système de distribution, et que les difficultés de collection du courant ne sont pas petites. Celle du triphasé n'est pas meilleure. Le moteur à courant monophasé, qui admettra une distribution à haute tension et le captage d'un courant modéré sur un simple fil, montrera une nouvelle face du problème. En fournissant au commutateur un courant à potentiel constant, on obtient un moteur dont le fonctionnement est analogue à celui du moteur shunt à courant continu ; le réglage paraît procurer une amplitude de vitesse et de couple moteur supérieurs à ceux d'un moteur sérié à courant continu, et, bien que le rendement du moteur soit plus faible, la différence est compensée par l'absence de pertes dans le rhéostat.

La question de l'application de la traction électrique aux réseaux de chemins de fer présentant un grand développement pivote en grande partie aujourd'hui autour de la constitution du moteur, dit M. Dieudonné, ingénieur-électricien, dans une étude publiée par la *Revue Technique*, et plusieurs systèmes de moteurs à courants monophasés ont été proposés dans ces derniers temps. On peut les rattacher aux quatre types suivants :

1° Moteurs d'induction ;

2° Moteurs en série (Lamme, Finzi) ;

3° Moteurs d'induction à répulsion (Arnold, Schüler, Déri) ;

4° Moteurs sériés à impulsion (Latour, Eichsberg-Winter)

Nous allons maintenant décrire les applications récentes de l'énergie, sous forme de courants alternatifs simples ou polyphasés à la traction sur les longues lignes de chemins de fer, et nous rappellerons en premier lieu les expériences sensationnelles, dont la presse du monde entier a rendu compte, de la Société *Allgemeine Elektricitats Ges*, et de MM. Siemens et Halske, sur la ligne de Zossen à Marienfelde en Allemagne.

Les premières tentatives faites à Berlin-Lichtenfelde ayant paru susceptibles d'ouvrir un avenir nouveau à la question de la traction électrique, une voie spéciale fut établie entre les deux localités ci-dessus, lesquelles sont séparées par une distance de 22 kilomètres, pour vérifier les conditions de fonctionnement d'un train sous toutes les allures possibles. Cette voie fut construite en rails Vignole de 12 mètres de longueur, pesant 42 kilogrammes le mètre courant et reposant sur 18 traverses en bois dur. Sur la plus grande longueur de la ligne, les rails sont doublés par des contre-rails ayant pour but de guider le boudin des roues.

La ligne de transmission du courant est constituée par trois fils, disposés horizontalement les uns au-dessous des autres, à 1 mètre d'intervalle, le plus bas se trouvant à 5m.50 au-dessus de la plate-forme de la voie. Ils sont éloignés de l'axe du rail le plus voisin de 1 m. 50 et supportés tous les 35 mètres par des poteaux renforcés tous les kilomètres. Chaque poteau porte, à sa partie supérieure, un fer en U de 4 mètres de longueur, placé verticalement et recourbé à ses deux extrémités. Un fil métallique isolé, tendu entre celles-ci, supporte, par l'intermédiaire d'isolateurs en ébonite, les trois conducteurs constituant la canalisation. Celle-ci est divisée en sections d'un kilomètre ayant chacune un dispositif pour compenser les pertes de tension ; les fils la composant ont une résistance à la rupture de 38 kilogrammes, par millimètre carré, leur section atteint 100 millimètres et ils peuvent supporter une tension de 20.000 volts.

En cas de rupture accidentelle de l'un de ces fils, un dispositif met automatiquement ses tronçons à la terre ; des parafoudres pour haute tension complètent la protection de la ligne.

Les deux voitures qui ont servi aux expériences, et qui avaient été construites, l'une par les ateliers Siemens, l'autre par l'*Allgemeine Ges*, étaient à peu près semblables comme forme extérieure et châssis, mais très différentes en ce qui concernait l'équipement électrique.

hacune d'elles, comportant une cabine de manœuvre chaque extrémité et un compartiment central pour ecevoir 50 voyageurs, était supportée par deux bogies à ois essieux. L'empattement entre ces bogies, qui était ı début de 3 m. 80, fut reconnu insuffisant pour les randes vitesses, et il fut porté à 5 mètres. Les essieux xtrêmes de chaque bogie sont seuls moteurs ; les res- orts de suspension sont extérieurs et reliés entre eux ar des balanciers compensateurs. Les pivots des bogies ıt un certain jeu latéral et sont pourvus de butées à essorts destinées à éviter toute transmission des oscil- ations des bogies au châssis. Le poids de chacun de es véhicules est d'environ 96 tonnes, soit 16 tonnes ar essieu porteur.

La prise de courant est formée de trois archets hori- ontaux pivotant autour d'axes verticaux et munis cha- un d'un anneau de contact sur lequel vient presser un essort auquel aboutit le câble d'alimentation de la voi- ıre. Pour compenser l'action de la résistance de l'air ur ces archets pendant la marche, chacun d'eux porte ne ailette placée de l'autre côté de l'axe de rotation. a pression exercée par les archets sur les fils ne dé- asse pas 5 à 6 kilogrammes.

Chacune des deux voitures possède deux prises de ourant à trois archets, placées à chaque extrémité, fin d'éviter les interruptions de courant au moment du assage d'un des groupes d'archets sur un branchement u sur un isolateur de section. Mais alors que, dans la oiture Siemens, les archets pivotent autour du même xe, dans l'autre, ces pièces sont articulées sur trois ivots distincts et placés les uns derrière les autres.

La voiture de l'*Allgemeine* mesurait 22 m. 10 de longueur totale entre tampons, 2 m. 60 de largeur et 4 m. 60 de hauteur, non compris les appareils de prise de courant ; l'empattement des bogies était de 18 m. 20, et la distance d'axe en axe de 13 m. 20. Le diamètre des roues était de 1 m. 25. L'autre voiture d'expérience (Siemens) avait 2 mètres de plus de longueur avec une largeur de 2 m. 40 et une hauteur de 4 m. 30. L'écartement entre bogies était de 14 m. 90 d'axe en axe, et l'empattement atteignait 19 m. 90. Quant à l'équipement électrique, il est complètement différent d'une voiture à l'autre.

Dans le véhicule de l'*Allgemeine*, le courant est amené des deux groupes de frotteurs à un interrupteur général à haute tension, au moyen de câbles armés ; de là il se rend aux transformateurs placés, ainsi que tous les appareils à haute tension, dans un compartiment métallique situé au milieu de la voiture. Ces transformateurs sont formés de trois noyaux de fer avec ouvertures de ventilation latérales, l'air provenant de trompes s'ouvrant sur le toit du véhicule.

Le courant primaire, dont la tension est de 12.000 volts, est ramené dans ces transformateurs à la tension de 435 volts ; il traverse alors le combinateur qui le dirige dans les moteurs. Ces derniers, qui sont du type asynchrone à champ tournant, ont chacun une puissance de 250 chevaux en marche normale, qui peut être portée à 750 au moment du démarrage. Ils commandent directement les roues par l'intermédiaire d'un tube entourant l'essieu et de ressorts d'entraînement. Les courants triphasés arrivent à l'inducteur fixe ou *stator* des moteurs, et l'on intercale, au moment du démarrage, dans le circuit de l'induit mobile ou *rotor*, des résistances que l'on retire ensuite progressivement, au fur et à mesure de l'augmentation de la vitesse de la voiture. Ces résistances de démarrage ne sont autre chose que des plaques de charbon plongeant plus ou moins dans des cuves contenant une dissolution de carbonate de soude.

Dans la voiture Siemens et Halske, le courant primaire est amené depuis les frotteurs jusqu'à un appareil commandant la marche en avant ou en arrière et disposé dans la cabine du watman ; de là il se rend aux transformateurs et revient au combinateur principal avant de traverser les résistances de démarrage et d'arriver aux moteurs.

Les transformateurs triphasés, logés sous le plancher de la voiture, sont composés de noyaux de fer, dont les tôles sont réunies en paquets disposés dans le sens de la marche, et entre lesquels est ménagé un espace pour le passage de l'air indispensable à la ventilation. Ils sont associés en étoile pour le démarrage et en triangle pour la marche normale ; le point neutre du groupement en étoile est mis à la terre. Les moteurs sont hexapolaires et ont chacun une puissance de 250 chevaux sous une tension de 1.100 volts en marche normale, et de 750 chevaux sous 1.850 volts au moment du démarrage. Le courant est amené par trois bagues au rotor, qui est pourvu d'enroulements à barres fixes à courant continu, tandis que le stator possède un enroulement à champ tournant. Ce dernier organe, entouré d'une double caisse en fonte, repose sur l'essieu qui est entraîné directement par le rotor ; le diamètre de celui-ci est de 0 m. 78, alors que le diamètre extérieur du moteur est de 1 m. 05.

Tous les appareils de manœuvre : interrupteurs, coupleurs en étoile et en triangle, sont commandés par des servo-moteurs à air comprimé.

Ces véhicules possèdent trois sortes de freins qui permettent d'arrêter, dans de bonnes conditions de sécurité et de rapidité, les véhicules roulant en vitesse, à savoir: Un frein Westinghouse à air comprimé à action rapide, un frein électrique à sabots s'appliquant sur le bandage de toutes les roues, et un inverseur de courant dans les moteurs, ce dernier employé seulement en cas d'extrême urgence, car il détériore ces appareils.

Les résultats obtenus avec l'automotrice Siemens et Halske ont été meilleurs que ceux fournis par la voiture de l'*Allgemeine* ; on peut les résumer comme suit :

La tension du courant primaire dans la ligne d'alimentation étant de 13.500 volts, la vitesse maximum s'est élevée à 210 kilomètres à l'heure avec une accélération de 0 m. 18 par seconde, mais cette vitesse a nécessité une consommation considérable de puissance, qui a dépassé 2.000 kilowatts. La résistance de l'air à cette allure atteignait 200 kilos par mètre carré.

Le freinage s'est opéré dans de bonnes conditions. A la vitesse de 110 kilomètres à l'heure, la voiture, qui parcourt 9.600 mètres sur son élan, a été arrêtée sur un trajet de 810 mètres avec le frein à main et 500 mètres avec le frein à air comprimé. A la vitesse de 160 kilomètres, l'arrêt a été obtenu sur 1.600 mètres avec ce même frein.

Ces essais ont mis en lumière l'influence énorme de la résistance opposée par l'air aux très grandes vitesses de marche, et elle a conduit à adopter des formes particulières pour les véhicules extra-rapides. Les expériences, qui se poursuivent depuis 1902, ont ainsi donné e précieuses indications et préparent, peut-on penser, 'avènement prochain de la locomotion rapide sur les ignes ferrées grâce à l'adjonction des moteurs électri-ues.

Si nous en arrivons maintenant à une autre applica-ion non moins intéressante des courants alternatifs riphasés à la traction des trains, celle qui a été réa-isée par la Société Ganz et Cie pour le réseau ecco-Colico-Sondrio-Chiavenna (106 kilomètres) plus onnu sous le nom de *chemin de fer de la Valteline,* ous dirons que cette application, qui date de 1898, est 'autant plus remarquable que le profil de ces lignes st extrêmement accidenté, et que la source première e l'énergie est la houille blanche.

Les principales caractéristiques de ce chemin de fer lectrique sont les suivantes :

L'électricité, engendrée dans une puissante usine ydro-électrique, est envoyée, sous forme de courants iphasés à 1.500 volts de tension, à dix sous-stations spacées les unes des autres de 10 kilomètres et répar-es tout le long des voies desservies. Le courant secon-aire est distribué aux automotrices, sous une tension e 3.000 volts, par une canalisation aérienne sur poteaux, omportant deux conducteurs en cuivre de 8 millimè-es de diamètre, tendus parallèlement sur des isolateurs sextuple cloche en porcelaine, et écartés l'un de l'au-e de 0m.90. Le conducteur de retour est constitué par s rails. La prise de courant sur les fils est opérée par n double contact à rouleaux.

Les lignes secondaires sont fractionnées en un cer-in nombre de sections, dans chacune desquelles le ourant ne peut être envoyé que par le jeu d'un interrupteur spécial. Chaque section est protégée par des appareils Bianchi et l'emploi des bâtons-pilotes Webb-Thomson. Ces appareils ont pour but d'empêcher un agent de la Compagnie d'envoyer le courant dans une section déterminée de la ligne avant que les signaux et les disques aient été mis à la position voulue et sans que le bâton-pilote, sorte d'interrupteur à main, ait été retiré de son emplacement réglementaire. Pour plus de sécurité encore, les voitures sont munies d'un relais automatique mis en action par le courant de la ligne, et qui, en cas de suppression de ce courant, fait agir le frein Westinghouse.

Les voitures circulant sur le chemin de fer de la Valteline sont des automotrices montées sur deux bogies à deux essieux ; sur chacun des quatre essieux est installé un moteur à courants triphasés sans réduction de vitesse. Deux moteurs seulement sur quatre sont alimentés par le courant à 3.000 volts ; les deux autres ne sont utilisés qu'en cas de besoin, lorsque la charge dépasse un certain chiffre, et ils sont alimentés alors par le courant induit triphasé provenant du moteur correspondant du bogie alimenté par la canalisation aérienne. La vitesse est ainsi diminuée de moitié.

La vitesse normale est de 60 kilomètres à l'heure pour les trains de voyageurs et 30 kilomètres pour les trains de marchandises, vitesses qui sont réduites de moitié sur les rampes supérieures à 10 millimètres par mètre. En portant de 15 à 20 la fréquence des courants primaires et en employant le couplage en triangle au lieu de celui en étoile, les vitesses pourraient être portées à 80 et à 40 kilomètres à l'heure dans chaque cas.

Il circule sur le réseau dix trains de voyageurs par

ur dans chaque sens ; ces trains étant formés d'une tomotrice et d'une remorque et ayant un poids total 60 tonnes. Les trains de marchandises, remorqués r locomotives électriques, pèsent 200 tonnes, dont 47 ur la locomotive seule, laquelle présente l'aspect des achines du même genre, système Thomson-Houston, e nous avons décrites précédemment.

D'une étude très complète publiée sur cette ligne par . D. Korda, nous voyons que la consommation d'é-rgie par tonne-kilomètre, mesurée à la jante des roues, est pas supérieure à 41,5 watts-heure. Le prix de re-ent du kilowatt-heure n'est que de 0 fr. 021, et celui l'énergie nécessaire pour 1.000 tonnes-kilomètre, de fr. 90. Les frais d'entretien et de réparations, par omètre, ne sont que de 0 fr. 03, alors qu'ils s'élèvent) fr. 09, juste au triple, avec la traction à vapeur. Ces iffres se passent de commentaires.

Une autre ligne de chemin de fer électrique em-oyant les courants triphasés pour la traction et qui pré-nte un certain intérêt, est celle de Burgdorf à Thun, Suisse. C'est une ligne secondaire qui n'a pas seule-ent pour but d'assurer un service local, car elle sert, effet, de lien entre le nord de la Suisse et l'Oberland rnois et elle est utilisée sur une large mesure pour le ssage des trains de touristes qui se rendent dans cette gion. La longueur du tracé est de 40 kilomètres, tan-que le trajet de Burgdorf-Thun par Berne est de kilomètres ; cette ligne raccourcit donc le parcours près d'un quart, et c'est là une considération non is importance.

L'exécution de ce chemin de fer date de l'année 1898, c'est après une étude approfondie de la question que l'on décida de recourir à la traction électrique, de préférence à celle par la vapeur, bien que la dépense fût sensiblement plus élevée avec l'électricité. L'estimation des frais à faire avec la vapeur était de 4 millions et demi, tandis qu'avec l'électricité la dépense s'élevait à 5.300.000 francs.

Le projet comportait la mise en circulation de dix trains par jour dans les deux sens et deux trains de marchandises. L'installation électrique fut confiée à la firme Brown-Boveri et Cie de Baden, et une convention pour la fourniture de l'énergie motrice fut passée avec l'*Aktien-Gesellschaft Motor* de Baden. L'usine génératrice devait être organisée sur les bords du lac et à 10 kilomètres de Thun, l'eau étant fournie par la rivière la Kander.

L'usine électrique de Kanderwerk a été mise en service en juin 1899; elle utilise une chute de 63 mètres, avec un débit de 7 mètres cubes, qui ne descend jamais au-dessous de 4 mètres cubes. Les eaux sont conduites d'abord dans un canal ouvert de 678 mètres de long, puis dans une galerie maçonnée de 858 mètres de longueur et de 4 mètres carrés de section ; enfin elles sont captées dans une conduite en tôle de 1.800 millimètres de diamètre et de 988 mètres de longueur.

Les turbines construites par la maison Escher-Wyss et Cie, de Zurich, sont à axe horizontal avec régulateur de vitesse automatique. Les alternateurs de la maison Brown-Boveri sont des machines triphasées, à inducteurs tournants de 900 chevaux, 300 tours, 4.000 volts, 40 périodes. Ils sont directement accouplés avec les turbines.

Le bâtiment est prévu pour contenir six groupes de

Fig. 23. — Station hydro-électrique pour réseau de tramways électriques.

900 chevaux ; il n'en contient actuellement que quatre. Chaque alternateur est excité par une dynamo disposée en bout d'arbre. Toutes les excitatrices sont excitées à leur tour séparément par deux génératrices spéciales (dont une de réserve), commandées directement par deux petites turbines indépendantes. Ce dispositif, en maintenant constante l'intensité du champ des excitatrices, facilite dans une certaine mesure le réglage de la tension aux bornes des alternateurs.

Le courant à 4.000 volts, sortant à la partie inférieure des alternateurs, passe dans le sous-sol, au-dessous de la salle des machines qu'il traverse. Les câbles isolés courent le long des murs contre lesquels ils sont fixés par des isolateurs en porcelaine et sont protégés par des grillages contre un contact fortuit. Après avoir traversé la salle des machines, au-dessous du plancher, les câbles se rendent derrière le tableau principal situé à 2 m. 50 au-dessus du sol ; on y parvient de la salle par un escalier d'accès.

Derrière le tableau, chaque phase traverse un coupe-circuit et un commutateur qui permet de brancher une machine sur deux circuits différents, et un interrupteur.

Le tableau proprement dit de chaque génératrice est très simple ; il comprend : un ampèremètre par phase, un voltmètre avec son transformateur réducteur, une lampe et un voltmètre de réglage de phase, les manettes du commutateur et de l'interrupteur, le mouvement de la manette du rhéostat de champ. L'interrupteur étant situé à la partie supérieure est commandé, derrière le tableau, à l'aide de sa manette par l'intermédiaire d'une chaîne de Galle.

Les panneaux de chaque machine sont en marbre blanc

t placés les uns à côté des autres. Aux deux extrémités u tableau général et perpendiculairement à lui, sont isposés deux voltmètres généraux correspondant aux eux services principaux que l'usine doit assurer.

Chaque phase peut être interrompue à volonté par un oupe-circuit amovible à enveloppe de porcelaine, ter-iiné par deux contacts en cuivre, qu'on peut enlever u placer très aisément avec une pince en bois.

Les câbles partant des barres traversent des coupe-ircuits amovibles, des plombs et des interrupteurs brités derrière des grillages et situés dans une salle péciale que nous appellerons, pour simplifier, la chambre de transformation. De là, les câbles, traversant le lancher dans des tubes de verre, se rendent aux trans-ormateurs situés au rez-de-chaussée dans une salle ontiguë à la salle des machines ; ils remontent ensuite ans la chambre de transformation à la tension de 6.000 volts, traversent à nouveau des plombs de ûreté et des interrupteurs abrités encore derrière des rillages et se rendent enfin à la chambre de départ, près avoir passé par les ampèremètres à haute tension ont le panneau est installé sur un des murs de la hambre de transformation. Dans la chambre de départ, ui communique avec la chambre de transformation par n petit escalier, les câbles traversent des plombs de ûreté et sont protégés par des parafoudres à cornes ype Siemens, montés en dérivation et précédés d'une ésistance liquide constituée par un tuyau en grès rem-li d'eau de pluie.

Le courant de haute tension pris aux barres du ableau est alors envoyé aux sous-stations de transfor-nation qui abaissent la tension de 16.000 à 2.000 volts.

L'énergie est alors transmise par une ligne aérie formée de deux conducteurs tendus parallèlement une suite de poteaux dressés le long de la voie j qu'aux moteurs actionnant les véhicules circulant la ligne.

La prise de courant est effectuée par des archet rouleaux glissant le long du conducteur de travail, un procédé analogue à celui employé pour le chen de fer électrique de la Valteline. Les voitures sont a logues à celles de cette dernière exploitation ; el sont pourvues de deux moteurs de 150 chevaux et vitesse des trains est de 50 kilomètres à l'heure.

Nous arrêterons ici ces monographies des lign ferrées actuellement équipées électriquement, et tâch rons de tirer quelques indications sur l'avenir réserv la traction électrique sur les réseaux de grande étendu

Lorsqu'il s'agit de l'exploitation d'un réseau à tra intense, avec trains légers, marchant à des vitess relativement faibles, sur des lignes à profil modé l'expérience démontre l'avantage de la traction élect que sur celle par moteurs à vapeur, tout au moins p le système avec trolley ou troisième rail. C'est le c de la plupart des tramways urbains ou suburbains des lignes métropolitaines. Le développement de traction électrique sur ces réseaux est donc tout indiqu et n'a rien qui doive surprendre.

En est-il de même sur les grands réseaux de ch mins de fer, où interviennent de nouveaux facteurs q ne sont pas sans compliquer de beaucoup la solutic du problème ? Il s'agit, en effet, dans ce cas, de train de voyageurs marchant à des vitesses moyennes de 8 à 90 kilomètres à l'heure, dont le poids peut dépass

300 tonnes, entre lesquels doivent être intercalés, non seulement des trains omnibus à vitesses bien moindres et cependant lourds, puis aussi des trains de marchandises lourdement chargés et marchant à des vitesses très faibles. De plus, la puissance nécessaire à la traction de ces trains doit se modifier suivant le profil de la ligne, sans variations trop accentuées de la vitesse.

Une condition indispensable est donc l'emploi d'un moteur (ou de moteurs) ayant, comme la locomotive, une grande souplesse et pouvant satisfaire aux différentes conditions de puissance et de vitesse.

Sur les voies des grands réseaux où le trafic est intense on ne peut songer à modifier la composition actuelle des trains, en les remplaçant, soit par des automotrices isolées, soit même par des trains plus fréquents et de faible composition. La capacité de la ligne se trouverait vite diminuée et son rendement fortement abaissé. On obtiendrait ainsi un résultat inverse de celui que les compagnies de chemins de fer cherchent forcément à atteindre. De plus, les frais de personnel des trains augmenteraient d'une manière notable.

L'emploi de la traction par unités multiples, très avantageux sur les lignes métropolitaines, où la composition des trains est invariable, serait d'une application difficile sur les grands réseaux, sinon peut-être, pour les trains rapides, tout au moins pour les autres trains, composés, le plus souvent, de véhicules de provenances diverses et, surtout, pour les trains de marchandises, où l'emploi de l'unité multiple ne serait pas sans présenter des complications sérieuses. De plus, on ne voit pas bien la possibilité pratique de la transformation de la quantité énorme de véhicules qui circulent actuellement sur les réseaux français. Pour la Compagni du Nord seule, cette transformation s'appliquerait 70.000 véhicules environ.

Si les unités multiples permettent de modifier l composition des trains suivant les besoins du servic et de mieux utiliser l'adhérence, avantage qui n'est pa sans valeur pour les lignes métropolitaines ou de ban lieue avec trains à arrêts fréquents mais de moindr importance pour l'exploitation des grandes lignes ; si en cas d'avarie d'un moteur d'une automotrice, le ser vice reste, malgré tout assuré, d'un autre côté le dépenses du matériel roulant sont augmentées, le ren dement moyen du train est diminué, par suite de l dépense en énergie plus grande d'un certain nombr de moteurs de faible puissance, comparativement à cell de gros moteurs. Les chances d'avarie et les frais d'en tretien sont accrus, ainsi que la complication du sys tème. Les courts-circuits sont plus à craindre et, pa suite, les chances d'incendie, qui sont toujours à redoute et dont le désastre effroyable du Métropolitain de Pari est malheureusement un exemple resté dans toutes le mémoires.

Toutes ces considérations nous amènent à conclur que, dans le cas de l'application de la traction électri que aux grands réseaux, la locomotive électrique est l seule solution acceptable dans l'état actuel de la ques tion. Comme nous le disions tout à l'heure, elle a l'avan tage inappréciable de permettre l'emploi, sans modifi cation, du matériel roulant actuel.

Lorsqu'il s'agit de l'application de l'électricité à l traction des trains des grands réseaux, deux question se posent tout d'abord :

La première, de beaucoup la plus importante, est la question économique, qui se pose de la façon suivante : Quel est, pour une ligne donnée, le prix d'installation de toute la partie électrique : usines génératrices, ligne de transport d'énergie, quand il y en a, sous-stations, ligne de travail avec les feeders d'alimentation et, enfin, locomotives électriques. Étant donnée cette dépense de premier établissement, de combien l'intérêt et l'amortissement du capital dépensé grèveront-ils les dépenses de traction par tonne kilométrique ? Cette question est, comme nous le disions tout à l'heure, capitale, d'une solution délicate et sur laquelle les renseignements manquent le plus souvent et celle, malheureusement, dont s'occupent le moins les ingénieurs-électriciens qui, dans les mémoires qu'ils publient sur la traction électrique des grands réseaux, ne s'occupent que de la question technique et négligent, le plus souvent, ce point capital du problème.

La seconde question, très intéressante également, est entièrement technique et s'applique au choix du courant à employer, au transport et au mode de prise de ce courant pour l'amener aux voitures ; elle s'applique enfin au système de moteur électrique à appliquer aux locomotives.

Il est encore une autre considération qu'il est impossible de laisser de côté et qui viendrait grever notablement les dépenses résultant de l'emploi de la traction électrique. Les grandes compagnies de chemins de fer possèdent un nombre considérable de locomotives dont le capital du premier établissement n'est pas encore amorti et dont elles trouveraient difficilement à se défaire à un prix rémunérateur. Ainsi le capital locomotion de la Compagnie du Nord est d'environ 120 millions de francs, soit un peu plus de 33.000 francs par kilomètres.

C'est une objection grave et un grand obstacle, s'il n'y en avait pas d'autres, encore plus graves, à la transformation du mode de traction de certaines lignes de banlieue qui, étant donnée l'analogie de leur trafic avec celle des tramways et des métropolitains, pourraient peut-être trouver un avantage dans cette transformation.

Lorsqu'on a fait le calcul pour la petite Ceinture de Paris, pour la ligne de banlieue de Vincennes, appartenant à la Compagnie de l'Est, et pour celle d'Auteuil de la Compagnie de l'Ouest, on a dû reculer devant les frais de premier établissement et les augmentations de dépenses de traction résultantes, comparées à celles provenant de la traction à vapeur.

Dans le cas, cependant, où la traction électrique viendrait à être appliquée aux grands réseaux de chemins de fer, c'est à un conducteur extérieur qu'il faudrait avoir recours, dans l'état actuel de nos moyens, pour alimenter les moteurs des locomotives.

Ce mode de transport enlève toute indépendance à la locomotrice qui devient tributaire de l'usine centrale. La moindre avarie soit au conducteur de courant, soit à l'usine centrale, immobilise tous les trains, et cet inconvénient qui est grave en temps ordinaire, pourrait avoir des effets désastreux en temps de guerre.

On peut objecter que l'installation de « batteries-tampons », soit aux sous-stations, soit à l'usine génératrice, dans le cas où il n'y aurait pas de transport de force, pourrait obvier, en partie, à cet inconvénient. Cela serait vrai dans un arrêt de courte durée, mais si cet arrêt e prolongeait, les batteries deviendraient insuffisantes pour faire face à un service chargé.

De plus, les frais d'installation, d'entretien et de renouvellement de ces batteries-tampons seraient considérables et il n'est pas douteux que les dépenses de traction seraient, de ce chef, notablement grevées. La puissance moins grande à donner, soit aux génératrices des usines centrales, soit aux transformatrices, par suite de l'emploi de ces batteries-tampons, ne compenserait certainement pas cette augmentation de dépenses.

Parmi ces causes d'avarie du troisième rail, nous devons citer les courts-circuits qui peuvent se produire, pendant les temps de neige, entre le rail de prise de courant (troisième rail) et les rails de la voie et qui ont pour résultat des *coups de feu* pouvant incendier le matériel roulant et être cause d'accidents graves. C'est un accident malheureusement très fréquent pour les tramways à contact superficiel, l'accident sur le Métropolitain de Paris, dans sa partie surélevée, entre les stations de Barbès et d'Allemagne, nous en a montré un exemple.

Ce qui se passe aujourd'hui rappelle la lutte qui, au début des chemins de fer, eut lieu en Angleterre entre les partisans des machines fixes et ceux des locomotives, lutte qui s'est renouvelée plus tard, sous une forme plus ardente encore entre les promoteurs du chemin de fer atmosphérique et ceux de la locomotive. Ces derniers, qui avaient à leur tête Stephenson, soutenaient que tout moteur de chemin de fer doit jouir d'une complète indépendance. Les partisans de l'indépendance absolue du tracteur sortirent victorieux de la lutte, qui dura plusieurs années et qui eut même sa répercussion en France par l'essai du chemin de fer atmosphérique entre Le Vésinet et Saint-Germain. Cet essai fut abandonné en 1860, par suite du manque de souplesse du système, de la puissance trop faible, du prix élevé et des avaries constantes, qui causaient un véritable trouble dans l'exploitation de la ligne.

Depuis cette époque, des trains d'un poids de 120 à 130 tonnes n'ont cessé d'être remorqués sur la rampe de 35 millimètres par des locomotives à vapeur, avec un plein succès et avec une dépense de traction bien moindre.

C'est une question identique que fait renaître aujourd'hui l'électricité ; à notre avis, et dans l'état actuel des choses, la traction électrique sur les grandes lignes de chemins de fer n'est réalisable ni pratiquement ni surtout économiquement. Elle le deviendra le jour où il sera possible de donner à la locomotive électrique sa complète indépendance, c'est-à-dire lorsqu'on aura trouvé un tracteur pouvant porter ou recueillir l'énergie électrique nécessaire, sans aucune liaison extérieure, et cela dans des conditions techniques et économiques comparables à celles de la locomotive à vapeur. C'est de la solution de ce problème difficile, devant lequel on a malheureusement échoué jusqu'ici, que dépend l'avenir de la traction électrique sur les grandes lignes.

Jusqu'au jour de cette découverte, l'électricité ne trouvera pour nous son application utile, réellement pratique et économique, que sur les lignes de tramways, sur les lignes métropolitaines ou sur toutes celles ayant un service analogue. Le champ est d'ailleurs assez vaste, et grands sont les services que ce merveilleux mode de traction rend depuis quelques années dans les grandes villes à la prospérité desquelles il contribue tous les jours.

Si la traction électrique a fait de grands progrès en peu de temps, il ne faut pas se laisser séduire outre mesure par ses charmes et aller jusqu'à oublier, comme paraissent le faire certains promoteurs ardents de son emploi, le degré de perfection où est arrivée la locomotive à vapeur moderne.

Indépendance, souplesse, puissance, la locomotive actuelle réunit en elle toutes ces qualités primordiales pour un moteur sur rails. On construit couramment aujourd'hui des locomotives compound à quatre cylindres d'une puissance de 1.500 chevaux, capables de remorquer *derrière le tender*, sur des rampes de 5 millimètres, à la vitesse de 90 kilomètres à l'heure, une charge de plus de 300 tonnes ! Pour des trains plus légers, on arrive à une vitesse commerciale de 100 kilomètres à l'heure, et le dernier mot n'est pas dit.

Les locomotives compound à quatre cylindres qu'on construit actuellement ont des moteurs d'une régularité presque égale à celle des moteurs électriques.

En laissant de côté l'influence de l'adhérence, les accélérations de démarrage, sans atteindre celles que l'on peut obtenir avec des moteurs électriques, sont très élevées et atteignent 0,50 dans la première seconde, avec les types récents de locomotives de banlieue ; c'est un progrès intéressant, bien qu'il ne présente qu'une importance relative pour les trains de grandes lignes, où les arrêts sont peu fréquents.

Mais un des grands progrès de la locomotive moderne réside dans son faible poids spécifique, c'est-à-dire son poids par cheval effectif. Actuellement, on peut estimer à 85 kilogrammes avec approvisionnements complets et à 66 kilogrammes avec approvisionnements réduits à moitié, par cheval, le poids d'une locomotive avec son tender. Ce poids est notablement supérieur, il est vrai, au poids spécifique par cheval d'un moteur électrique, mais là il n'y a pas de comparaison possible, en raison même de l'indépendance de la locomotive à vapeur. Toutefois, les locomotives électriques de la Compagnie d'Orléans pèsent 45 tonnes et produisent une puissance normale à la jante de 500 kilowatts, soit 680 chevaux : le poids par cheval est donc de 66 kilogrammes.

Il semble donc, en résumé, qu'il existe d'énormes, presque d'insurmontables difficultés à vaincre pour transformer les procédés et le matériel de traction employés sur les grands réseaux. Mais rien ne semble impossible à la déesse Électricité, et malgré que la locomotive à vapeur se défende énergiquement contre ses empiétements, elle perd du terrain, et il se peut que, malgré ses efforts, elle soit, en fin de compte, battue sur le terrain des vitesses excessives par le tracteur électrique. La lutte devient plus âpre tous les jours pour la conquête de la vitesse et l'abolition des distances, et c'est l'avenir, — un avenir prochain, espérons-le, — qui enregistrera la défaite de l'un des adversaires et la victoire définitive de celui qui aura montré le plus d'avantages, de commodité et de confort. Actuellement la question demeure pendante et il serait hasardeux de formuler une affirmation dans un sens ou dans l'autre ; pour notre part, nous avons mis toutes les pièces du procès sous les yeux du lecteur et nous le laisserons conclure sur ce débat entre la vapeur et l'électricité dans leurs applications à la locomotion extra-rapide.

CHAPITRE VIII

LES CHEMINS DE FER ÉLECTRIQUES DE MONTAGNES ET LES FUNICULAIRES

On désigne sous le nom général de « chemins de fer e montagnes » les lignes ferrées établies sur des pentes ·ès accentuées, et telles que l'adhérence due au poids es véhicules n'est plus suffisante pour assurer la proression des trains sur des rails ordinaires. Les rampes e peuvent dépasser certaines limites, et la théorie nous pprend que les inclinaisons de 20 millimètres par mère sont les plus avantageuses au point de vue des épenses de traction lorsqu'il s'agit de franchir des ifférences de niveau très sensibles. C'est pour ne pas épasser ces rampes dans les massifs montagneux que on est obligé de recourir à des travaux très coûteux, llongeant le tracé de la ligne, tels que lacets, rebrousements, tunnels hélicoïdaux, etc. Parfois cependant, on n est obligé de forcer la rampe, et c'est ainsi qu'au unnel du Gothard la pente est de 26 millimètres, de 30 u Mont-Cenis, de 40 sur le Central Peruvian, dans les Andes, de 70 sur le chemin de fer à voie normale et à imple adhérence d'Uetli en Suisse. Enfin sur certaines lignes de tramways desservies par automotrices, on rencontre des rampes allant jusqu'à 165 millimètres par mètre. Mais l'adhérence devient bientôt insuffisante, et on est obligé de recourir à d'autres moyens que les rails lisses pour permettre aux véhicules d'avancer.

Il existe heureusement plusieurs procédés permettant de tourner cette difficulté : la crémaillère et le câble entre autres, sans quoi il n'eût pas été possible de desservir les agglomérations situées dans des régions accidentées et de faire pénétrer des voies ferrées dans les pays montagneux. Aujourd'hui, la crémaillère et le funiculaire sont devenus des moyens de locomotion banaux et on les rencontre dans tous les pays du monde.

La crémaillère a été inventée et appliquée presque simultanément aux chemins de fer à fortes rampes, en 1886, par Marsh en Amérique et Riggenbach en Suisse, au mont Washington par l'un, au Righi par l'autre. Peu de temps après, un autre Suisse, Wetli, utilisait un nouveau système de crémaillère à chevrons engrenant avec un tambour moteur à denture hélicoïdale. Ce système fut abandonné à la suite d'une catastrophe retentissante. En 1885, un collaborateur de M. Riggenbach, M. Abt, proposa un nouveau dispositif très supérieur aux précédents et qui a obtenu la faveur des ingénieurs. Enfin, en 1887, MM. Bissinger et Klaus en Allemagne apportèrent diverses modifications à la crémaillère de Riggenbach. D'autre part, pour les voies exceptionnellement inclinées, le colonel Locher inventa une crémaillère spéciale. Enfin en 1895 un technicien réputé, M. Strub, proposa une crémaillère encore plus perfectionnée, et ces cinq systèmes sont à peu près les seuls en usage actuellement.

Lorsque la différence de niveau entre les deux points relier est telle que la crémaillère devient insuffisante rend la sécurité aléatoire, on recourt alors au dispotif dit *funiculaire:* les deux trains, l'un montant, l'autre escendant, sont réunis par un câble passant dans une oulie disposée au point culminant, ou sur le tambour un treuil actionné mécaniquement.

Les chemins de fer de montagnes, avec crémaillère entrale, peuvent être remorqués par des locomotives vapeur ou par d'autres tracteurs, mais nous ne nous ccuperons ici que des lignes ayant adopté la traction ectrique, et nous citerons comme exemple les réseaux n exploitation en Suisse: ceux du Salève, de Grutsch Mürren et de Barmen au Toellethurm, qui ont été les remiers réalisés, enfin ceux du Gornergrat et de la ungfrau.

Le chemin de fer électrique du Salève est destiné à nettre en communication rapide la ville de Genève vec les localités situées près de la rivière l'Arve. De plaine, partent deux tronçons: l'un a son origine à eyrier et va à Monetier en passant le long du pittoresue Pas de l'Echelle; l'autre, destiné plus spécialement desservir Annemasse, part d'Etrembières, contourne petit Salève, et dessert par deux stations successies, le village de Mornex, avant de venir se souder à autre tronçon à la station de Monetier-mairie. A par- r de ce point, la ligne prend un caractère alpestre, les entes s'accentuent et les habitations disparaissent, endant qu'à l'horizon la vue s'étend de plus en plus ur le lac et les montagnes de la Savoie, et le point terainus, situé aux Treize-Arbres est atteint en quaranteinq minutes, soit de Veyrier, soit d'Etrembières.

La pente moyenne de la ligne est de 12 centimètres par mètre et atteint en certains points un maximum de 25 0/0. La différence de niveau à racheter est de 900 mètres sur un parcours de 6 kilomètres; ces chiffres montrent la nécessité d'adopter la crémaillère pour gravir de semblables pentes. C'est le système Abt qui a été choisi; la crémaillère est simple sur les rampes faibles, et double sur les plus raides. Le rayon minimum des courbes est de 50 mètres ; la voie est constituée par des rails Vignole pesant 15 kilogrammes le mètre courant, et elle est utilisée pour le retour du courant.

Le courant est amené le long de la voie par un rail de même type que les rails de roulement; ce rail est soutenu à 50 centimètres au-dessus du sol par des supports fixés sur l'extrémité des traverses métalliques, et il repose sur des isolateurs en porcelaine. Les différentes sections dont se compose ce conducteur sont reliées électriquement les unes aux autres par des câbles en cuivre, avec, de temps à autre, des espaces libres pour laisser tout le jeu voulu à la dilatation. Le conducteur est disposé de telle sorte que le contact ait toujours lieu avec l'un des frotteurs portés par la voiture, et sa section est suffisante pour transmettre la totalité de l'énergie nécessaire à la traction.

Les voitures contiennent 40 places, dont 32 assises; ce sont des automotrices possédant deux moteurs à courant continu de 40 chevaux, pouvant même en développer 60 au moment d'un coup de collier; ils tournent à la vitesse angulaire de 600 tours par minute et ils attaquent la crémaillère par un double train d'engrenages réducteurs de vitesse, ramenant le nombre de ours à 46 seulement (rapport de 13 à 1). Suivant l'inclinaison de la rampe, la vitesse des voitures varie entre m. 50 et 3 mètres par seconde.

Le courant, distribué par le troisième rail aux prises le courant formées de frotteurs à ressorts de pression yant pour but d'assurer un bon contact, passe d'abord lans des résistances permettant de faire varier la vitesse et d'obtenir un démarrage progressif, puis dans un parafoudre. La manette du combinateur, que manœuvre le wattman, donne, de même que dans les tramways électriques dont nous avons décrit le mécanisme, le moyen de faire varier dans de très grandes limites, en opérant divers couplages, la résistance des circuits. Une autre manette commande la marche avant ou arrière à volonté.

Pour des véhicules circulant sur des pentes de 25 0/0, la question de freinage est des plus importantes ; au Salève, elle est résolue par la présence de trois freins, dont deux électriques et un mécanique. Le premier consiste dans le renversement du sens du courant dans les moteurs; on ne l'emploie qu'à la dernière extrémité à cause des secousses violentes que provoque sa rapidité d'action, et qui sont suceptibles de détériorer le mécanisme. Le second, plus employé, consiste à faire tourner les moteurs comme des génératrices et à envoyer le courant ainsi produit dans des résistances où il est dépensé sous forme de chaleur. Il permet, en manœuvrant un rhéostat, de ralentir progressivement et d'amener l'arrêt complet même sur les plus fortes rampes. Enfin, le frein mécanique est composé de deux freins à vis actionnant au moyen de tringles quatre paires de mâchoires agissant sur des poulies à gorge calées sur l'arbre des moteurs ; un seul de ces freins suffit pour provoquer l'arrêt de la voiture avec un effort de six kilogrammes seulement sur la manette. Ce appareil est pourvu d'une circulation d'eau abondante indispensable pour assurer le refroidissement des pièces de friction qui chauffent considérablement, et, autrement, pourraient finir par gripper.

L'usine génératrice fournissant l'énergie à ce chemin de fer est située sur l'Arve elle est munie de turbines Ricter de Winterthur, actionnant par accouplement direct des dynamos Thury à 12 pôles développant 1000 chevaux à 180 tours par minute. La ligne d'alimentation raccordant cette usine à la voie ferrée mesure 1800 mètres de longueur ; les câbles sont en cuivre nu et présentent chacun une section de 450 millimètres carrés. Ils viennent se souder à la voie près la station de Monetier-mairie, exactement au centre de gravité électrique du système, de manière à ce que les résistances des divers circuits sont sensiblement égales.

Alors que le prix le plus bas auquel revient la traction par locomotive à vapeur sur les chemins de fer de montagnes ressort à 1 fr.70 et peut s'élever jusqu'à 5 fr. 50 par kilomètre-train ; sur les lignes du Salève, la traction, électrique, la dépense n'est pas supérieure à 0 fr. 66. Le trafic est cependant très variable, comme celui de toutes les lignes du même genre pour lesquelles les conditions climatériques ont une influence considérable. Depuis l'époque de leur établissement, en 1893, les lignes du mont Salève ont surtout été fréquentées pendant l'été, la circulation étant très réduite en hiver. En 1903, ce chemin de fer a transporté près de 40.000 voyageurs avec 50.000 kilogrammes de bagages et plus de 300 tonnes de marchandises, et ce trafic augmente d'année en année.

La ville de Barmen en Allemagne a mis en exploitation en 1895 un tramway électrique à crémaillère, installé par la maison Siemens et Halske, et qui rachète une différence de niveau de 172 mètres sur un parcours de 1600 mètres seulement. La voie est à écartement de 1 mètre ; la crémaillère disposée entre les rails est du système Riggenbach ; la canalisation amenant le courant est aérienne, suspendue au moyen de fils transversaux, à des poteaux établis le long de la voie. Les voitures automotrices prennent le courant sur cette canalisation à l'aide de deux archets. Elles contiennent 36 places, dont 8 debout, et sont actionnées par un moteur unique pouvant développer 60 chevaux environ ; leur vitesse est de 9 kilomètres en palier et sur les faibles pentes, vitesse qui est réduite d'un tiers sur les plus fortes rampes du parcours. A la descente, les électromoteurs excités en dérivation fonctionnent comme génératrices ; ils envoient le courant qu'ils développent dans la canalisation lorsque la tension de ce courant est égale ou supérieure à celle du courant venant de l'usine. De cette manière, non seulement 60 0/0 à peu près du travail de la voiture descendante est transformé en électricité et utilisé, mais encore les frais d'entretien, particulièrement ceux des freins, sont notablement diminués. La dépense de courant est de 10 à 12 kilowatts-heure pour chaque voyage aller et retour ; sur la plus forte pente, de 19 0/0, le débit atteint le chiffre de 180 ampères. La station génératrice est installée dans le sous-sol de la gare où ce tramway se raccorde à la ligne de Ronsdorf-Muegsten, et elle est pourvue de moteurs à vapeur.

Le chemin de fer électrique de Zermatt au Gornergrat date de 1898 ; c'est le prolongement d'un embranchement quittant à Viège la ligne principale de la vallée du Rhône pour aboutir à Zermatt. Sa longueur est de 9 kil. 200 et la différence de niveau entre le point de départ et celui d'arrivée est de 1411 mètres. Les rampes maxima présentent une inclinaison de 20 0/0. La voie est en rails Vignole pesant 18 kilogrammes le mètre courant ; la crémaillère, du système Abt, est établie dans l'entrevoie. La canalisation est aérienne : le courant, produit dans une usine hydro-électrique située sur le Rhône est envoyé, sous une tension de 4500 volts, à trois sous-stations disposées à distances égales le long de la voie, et où ces courants triphasés sont transformés en courant continu. La capacité de chacune de ces stations est de 130 kilowatts.

Le matériel roulant, sur ce chemin de fer, est constitué par une locomotive et deux remorques, l'une ouverte, l'autre fermée. Le poids de la locomotive est de 10 tonnes, deux moteurs fournissent chacun 90 chevaux, étant alimentés au potentiel de 550 volts. Ils fonctionnent indépendamment l'un de l'autre et actionnent chacun une roue dentée engrenant avec la crémaillère. Il y a deux freins à main agissant sur ces roues et un troisième frein, à collier de serrage, également mû à la main ou automatiquement. Enfin le freinage électrique existe également et il peut être commandé à la main ou par un solénoïde qui annihile son action tant que le moteur est traversé par le courant ou le bloque lorsque le courant est coupé. Pour éviter le renvoi à l'usine génératrice, par plusieurs trains se trouvant à la fois en descente, d'un courant d'une valeur supérieure à celle qu'elle débite, on insère automatiquement dans le circuit une résistance liquide, dès que les régulateurs des turbines ont été fermés au delà d'un certain degré. Ces résistances sont disposées dans une caisse, derrière les moteurs.

Les moteurs asynchrones à courants triphasés possèdent des bagues sur l'induit pour permettre l'intercalation de résistances de réglage. Ils démarrent sous charge normale, sans élévation sensible de courant par rapport au régime normal. La voiture porte quatre perches de prise de courant, deux par phase, écartées de 1 m. 20 l'une de l'autre. Les perches des trolleys, situées dans le même plan, et appartenant à deux phases différentes, sont éloignées de 0 m. 50. Le troisième conducteur est constitué par la voie.

La ligne de Stanstadt à Engelberg, qui a pour but de relier le bord du lac des Quatre-Cantons à la station fréquentée d'Engelberg, date de la même époque que celle du Gornergrat, et elle emploie un matériel analogue à celui circulant sur les voies normales. Sa longueur est de 22 kil. 5, avec voie de 1 mètre de large, crémaillère sur 1500 mètres de long aux pentes maxima de 25 0/0. Elle a été installée, comme la précédente, par les Sociétés Brown-Boveri et Cie, *Union*, de Dortmund, Bell et Cie de Kriens, et Winterthur.

La voie est en rails Vignole pesant 20 kilogrammes le mètre courant, posés sur traverses en fer de 30 kilogrammes espacées de 1 m. 05 en moyenne. La crémaillère est constituée par deux plaques entre lesquelles sont rivées des dents en acier coulé ; elle pèse 52 kilogrammes le mètre.

La station hydro-électrique est située à Obermatt, au pied de la section à crémaillère ; elle utilise une chute de 390 mètres actionnant trois groupes électrogènes à régulateurs hydrauliques, à accouplement direct, de 180 chevaux chacun à 650 tours. Ces groupes fournissent du triphasé à 750 volts de tension, et le couplage en parallèle en est possible.

Une partie de cette énergie seulement est utilisée pour le chemin de fer, et elle est envoyée, sous un potentiel de 5.300 volts, à trois sous-stations contenant chacune 3 transformateurs de 30 kilowatts et situées le long de la ligne à distances égales. De ces sous-stations le courant, ramené à sa tension première, est distribué à la canalisation aérienne où il est puisé par des trolleys.

Les locomotives électriques sont analogues à celles employées sur le chemin de fer du Gornergrat. Leur poids est de 12 tonnes, elles sont munies de moteurs, courants triphasés de 75 chevaux pesant 2 tonnes ; la roue dentée commune, actionnée par les deux moteurs, est portée par un arbre intermédiaire qui entraîne lui-même la roue dentée devant engrener avec la crémaillère ; la vitesse sur la section à crémaillère est de 5 kilomètres à l'heure. Sur le parcours à adhérence simple, on fait fonctionner un embrayage à friction permettant de faire travailler les moteurs sur les essieux, et la vitesse est alors doublée (10 kil. à l'heure). Le freinage, les prises de courant, la récupération à la descente, sont analogues à ce qu'ils sont sur la ligne de Zermatt qui vient d'être décrite.

Si nous arrivons maintenant au chemin de fer de la

ngfraü, non encore complètement achevé en 1907, nous rons que cette installation constitue certainement la us audacieuse des entreprises de ce genre. Elle part la station de la Petite Scheideck (sur la ligne de chein de fer de Wendel-Alp), et grâce à des travaux art nombreux et considérables, elle parvient à 100 mèes du sommet de la Jungfraü, au haut duquel les oyageurs seront ensuite hissés à l'aide d'un ascenseur ertical. Les rampes maxima de la ligne atteignent 25 0/0 oit 45 degrés. Le rayon minimum des courbes est 30 mètres sur les évitements, 100 mètres en pleine oie, et 200 dans les tunnels. La crémaillère est d'un pe nouveau dû à M. Strüb, en fer laminé et assemblé, ourvue d'un patin permettant de la fixer sur les traerses, et permettant l'emploi de freins à mâchoires ou pinces. Les rails pèsent 20 kilogrammes par mètre ourant et sont fixés sur des traverses en fer placées ous les mètres. Le poids du mètre de crémaillère est e 30 kilogrammes, les dents sont taillées, après aléage, à la scie et à la fraise. La superstructure complète èse 125 kilogrammes au mètre courant.

En ce qui concerne le matériel roulant, les trains pèent 26 tonnes, la locomotive, articulée à une voiture de oyageurs de 50 places étant comptée pour 15 tonnes, t une remorque de 30 places pour 11 tonnes avec son hargement. La vitesse de ces trains est de 8 kilomèes 5 sur les pentes à 25 0/0, ce qui exige un travail e 220 chevaux-vapeur, chiffre qui doit être doublé à usine de production du courant pour tenir compte du endement des appareils de transformation et de transort. D'où la nécessité d'employer, pour assurer la rogression des trains, ainsi que leur éclairage et leur chauffage électriques, des turbines hydrauliques de 625 chevaux.

L'usine est située à Lauterbrünnen ; elle utilise une chute de 41 mètres, ramenée à 35 mètres par les divers aménagements qu'elle a nécessités ; les turbines sont à axe horizontal et attelées directement, à l'aide de manchons élastiques Raffard, à des alternateurs construits par les ateliers d'Oerlikon, et appartenant au type dit *à fer tournant*.

La tension aux bornes est de 7.000 volts, à 380 tours par minute et 38 périodes par seconde ; l'enroulement est en étoile. Les excitatrices sont des dynamos développant 120 volts à 700 tours. Le courant nécessaire à l'alimentation de la ligne est distribué à 12 postes de transformation où la tension est ramenée à 500 volts. La canalisation aérienne est composée de deux fils tendus côte à côte sur des poteaux en bois soutenant en même temps les fils pilotes et téléphoniques ; la voie ferrée constitue le troisième conducteur. Les postes de transformation sont échelonnés tous les kilomètres le long des rampes, à 25 0/0 tous les 2 kilomètres pour le reste de la ligne.

Les locomotives de traction sont analogues, comme agencement, à celles employées sur les chemins de fer de Stanstadt et de Zermatt, notamment en ce qui concerne la captation du courant et le freinage. Toutefois, elles représentent les types les plus puissants de locomotives à crémaillère actuellement en exploitation, car elles peuvent développer un effort de traction de 6.600 kilogrammes. Leur puissance est de 300 chevaux.

Les travaux de construction de cette ligne ayant été interrompus en 1904 par la neige, n'ont pu être terminés encore. Le tunnel aboutissant à la mer de Glace a été achevé en 1905. La voie part d'une altitude de 2.064 mètres et dessert les stations de l'Eiger à 2.323 mètres, de Rostock à 2.530 mètres, d'Eigerwald à 2.870 mètres, et enfin celle de la mer de Glace à 3.160 mètres, c'est-à-dire 1.100 mètres plus haut que le point de départ. D'après le projet de MM. Guyer et Zeller, la ligne doit continuer à s'élever depuis cet endroit pour gagner, en se dirigeant vers l'ouest, la Jungfraüenjoch, à 3.400 mètres et enfin la Jungfraü-Kulm à 4.093 mètres d'où partira l'ascenseur atteignant le point culminant à 4.168 mètres.

Telles sont les dispositions générales données à ce chemin de fer qui, par la hardiesse de sa conception, et par les difficultés surmontées pour son établissement, est incontestablement le plus remarquable spécimen de chemin de fer à crémaillère qui existe.

Nous en arrivons maintenant aux funiculaires, c'est-à-dire aux lignes de montagnes à traction par câbles, en ne nous occupant, toutefois, que de celles où l'agent moteur est l'énergie électrique, qui fournit d'ailleurs la solution la plus rationnelle, et aussi la plus économique en pays de montagnes où la « houille blanche » est abondante.

En vue de la ville de Lucerne, et faisant face au lac de Küssnacht et au Righi, s'élève, au-dessus du lac des Quatre-Cantons, le Bürgenstock ou Bürgenberg, dont le sommet n'est qu'à 700 mètres au-dessus du niveau du lac, mais qui présente cette particularité assez rare qu'il est presque impossible de trouver dans les Alpes une ligne de profil aussi verticale, si bien que le sommet surplombe presque le lac.

En 1888, MM. Bücher et Dürer établirent le long de cette arête un funiculaire électrique permettant aux touristes d'atteindre ce belvédère d'où l'on jouit d'une vue admirable. Le tracé prend naissance au bord du lac, près du village de Kehrsiten ; la rampe, qui est au début de 32 0/0, augmente graduellement pour atteindre 465 mètres d'altitude, un maximum de 58 0/0 qu'elle conserve jusqu'à la station supérieure, en même temps que la ligne s'infléchit régulièrement à droite, suivant une courbe parabolique. La différence de niveau entre le point d'arrivée et le point de départ est exactement de 440 mètres.

La voie est simple, à l'écartement de 1 mètre, avec un évitement de 120 mètres au milieu du parcours. Les rails sont du type Vignole, pesant 22 kil. 5 le mètre courant. L'infrastructure est en maçonnerie, et les traverses de support des rails et de la crémaillère, celle-ci appartenant au système Abt. Les voitures possèdent quatre compartiments disposés en gradins et peuvent contenir 30 personnes ; elles ont sur chaque essieu un pignon double engrenant avec la crémaillère de sûreté, et soumis à l'influence de freins puissants. Le poids d'un véhicule à vide est de 4 tonnes, et de 6 tonnes avec sa charge normale.

Le mécanisme de commande du câble est agencé à la station supérieure ; ce câble est conduit, de l'axe de la voie, sur un gros tambour de 4 mètres de diamètre, et de là sur une contre-poulie de 3 mètres. Il revient ensuite au tambour moteur et repart pour aller s'attacher à la voiture en passant sur une dernière poulie de 3 mètres de diamètre calée sur le même arbre que la première. Entre les deux rainures du tambour se trouve une roue dentée menée par un pignon dont l'arbre est commandé par une autre roue dentée engrenant avec un second pignon sur l'axe duquel sont fixés un frein à poulie et un engrenage conique lié à deux roues d'angle qui sont folles sur l'arbre principal de transmission. Suivant la direction à donner aux voitures, l'une ou l'autre de ces roues d'angle est mise en mouvement par un accouplement à friction, de telle façon que le sens de la marche peut être changé sans inverser le sens de rotation de la transmission principale. L'arbre principal est commandé par courroie par deux moteurs électriques; les rapports des poulies et des engrenages sont choisis de telle sorte que la vitesse du câble est constamment de 1 mètre par seconde.

L'énergie électrique nécessaire à l'alimentation des moteurs est fournie par une usine hydraulique située sur la rivière l'Aa et contenant une turbine de 120-150 chevaux actionnant deux dynamos Thury excitées en série et fournissant à 800 tours, 800 volts et 25 ampères. Une seule machine suffit à fournir l'effort de traction nécessaire au chemin de fer. Le reste de l'énergie produite est employé pour l'éclairage de l'hôtel du Bürgenstock et pour le travail d'élévation de l'eau de source indispensable pour le service de cet hôtel jusqu'à un réservoir situé à 400 mètres d'altitude.

Pour franchir la distance de 4 kilomètres séparant l'usine de la station réceptrice, on a employé le courant continu à haute tension, les deux génératrices étant couplées en série (les moteurs à courants alternatifs n'étant pas encore pratiques à l'époque de cette installation), mais, pour faciliter la marche indépendante avec l'une ou l'autre des machines, la distribution est opérée suivant le système *à trois fils* (voyez au sujet de ce genre de montage notre volume II, *La Lumière électrique*). Les conducteurs ont un diamètre de 4 m/m5 ; quand le service doit se faire avec une seule machine, on couple la ligne neutre ou troisième conducteur avec l'un des deux autres.

Les deux réceptrices du Bürgenstock sont exactement du même type que les génératrices; elles produisent, à 750 tours, un travail utile de 45 chevaux. Depuis l'époque de leur mise en service, elles ont fourni des résultats très satisfaisants, et ce funiculaire permet aux touristes de gravir sans fatigue jusqu'au sommet de la montagne.

Le succès de cette installation a encouragé ses constructeurs à répéter cette application de l'électricité à la traction des véhicules sur les pentes extra-rapides, et, pour faciliter l'ascension du Stanserhorn, dont le sommet domine Stans de 1400 mètres, MM. Bucher et Dürer ont établi en 1893 un autre funiculaire électrique qui dépasse en hardiesse tout ce qui existe dans cet ordre d'idées.

Pour répondre aux exigences de la situation, le funiculaire du Stanserhorn est divisé en trois parties successives avec transbordement des voyageurs en deux points intermédiaires. Chaque section se compose d'une voie unique de 1 mètre de largeur, avec un évitement à moitié de sa longueur ; il y a pour chaque section deux wagons attachés aux extrémités d'un câble s'enroulant sur un tambour actionné par un électromoteur. Les courbes ont un rayon minimum de 150 mètres, et l'inclinaison des pentes atteint jusqu'à 62 0/0, sur la dernière section notamment, laquelle comporte des ouvrages d'art assez importants : un tunnel de 140 mètres et un viaduc assez long ; le tracé est particulièrement hardi et quelque peu effrayant. Aux stations intermédiaires, les voies s'approchent assez près l'une de l'autre pour que les voyageurs n'aient que quelques pas à faire pour changer de train. Une marquise vitrée abrite les quais de transbordement.

La particularité la plus originale du funiculaire du Stanserhorn est l'absence complète de crémaillère. Les constructeurs l'ont remplacée par un système de frein très énergique agissant directement sur les rails de roulement comme dans certains ascenseurs. Ce frein est formé de deux puissantes mâchoires qui viennent serrer le rail sous l'action d'une vis double à filets inverses ; l'axe de cette vis est muni d'un accouplement à friction qui entre en mouvement en cas de rupture du câble ; un levier à contrepoids vient à ce moment mettre en jeu l'accouplement qui, par une disposition ingénieuse, transmet à la vis à filets inverses le mouvement des roues de la voiture. Le fonctionnement de ce frein est donc absolument automatique. Chaque essieu possède un frein semblable, et un troisième frein de secours agissant de la même façon peut être commandé à la main des deux plates-formes. Les rails ont un profil particulier pour que les mâchoires agissent facilement sur eux ; ce sont des rails Vignole dont la tige s'évase en haut pour se raccorder au champignon, sans partie concave.

Les caisses des voitures sont en forme d'escalier ; elles sont divisées en quatre compartiments de huit places, et peuvent recevoir, en comptant les plates-formes, quarante voyageurs. Elles sont très légères, et leur poids à vide ne dépasse pas 3.800 kilogrammes.

Le tambour moteur sur lequel s'enroule le câble de chaque section est actionné par un électromoteur.

L'énergie électrique nécessaire est produite par la station centrale de Buochs sur l'Aa, station qui dessert à la fois le tramway de Stanstadt et les funiculaires du Bürgenstock et du Stanserhorn. La dynamo génératrice, pour cette dernière installation, est du système Thury. et peut fournir, à la vitesse de 350 tours, une puissance de 90 kilowatts sous une tension de 1.600 volts.

Le moteur électrique de chaque station réceptrice est une dynamo Thury de 45 kilowatts. Le mécanisme de commande du câble est le même qu'au Bürgenstock ; il y a indépendance complète de ces moteurs qui sont mis en marche par un appareil spécial permettant le réglage de la vitesse et le renversement du sens de marche. Au départ, le moteur doit fournir l'énergie nécessaire à la traction de la voiture inférieure et de la longueur du câble qui la relie au tambour ; l'effort va ensuite constamment en diminuant, par suite des longueurs de câble qui se font de plus en plus équilibre ; aux deux tiers du parcours, l'effort à fournir par le moteur devient nul, et, à partir de ce moment, l'effort ayant changé de sens, on doit absorber au moyen d'un frein l'énergie devenue disponible. Chaque station motrice comprend, outre le moteur électrique, une machine à vapeur pouvant fournir 40 à 70 chevaux et destinée à suppléer à l'insuffisance momentanée de la force hydraulique ou à une interruption de la transmission électrique.

La dernière section du Stanserhorn atteignant une altitude déjà élevée, est très exposée aux décharges atmosphériques, aussi a-t-on dû la munir de parafoudres protégeant la ligne contre tout accident dû à l'électricité libre.

Dans cette installation comme dans toutes celles précédemment décrites, la traction électrique a répondu aux espérances qu'on avait fondées sur elle, et affirmé une fois de plus sa souplesse merveilleuse pour le transport, la distribution et l'emploi facile de l'énergie, bien qu'il n'y soit fait usage que de courant continu, et non de courants polyphasés dont la canalisation est encore plus économique. Le dernier mot d'ailleurs n'est pas dit sur ce sujet, et la preuve en est donnée sur la ligne d'intérêt général, à voie étroite de Saint-Georges-de Commiers à La Mure (Isère) exploitée directement par l'État. Il est fait usage, en effet, sur cette ligne, de courant continu à haute tension (2,400 volts), obtenu par plusieurs dynamos couplées en série, et, malgré le profil extrêmement dur du trajet, qui constitue pour la traction à vapeur une limite pour l'adhérence simple, la locomotive électrique à courant continu a permis de mieux réaliser qu'avec la vapeur la puissance maximum sous des dimensions et un poids mort minima. Et ces mêmes constatations peuvent s'appliquer, avec non moins de justice, à la ligne du Fayet à Chamonix récemment installée par la Compagnie du P.-L.-M.

Mais, pour en revenir à la question des funiculaires, nous devons encore mentionner, parmi les plus récents mis en service, un système fort original installé pour transporter les voyageurs depuis Lochwitz, village situé sur les bords de l'Elbe, jusqu'à 5 milles de Dresde en un point des hauteurs de Roschwitz d'où l'on peut avoir une vue splendide sur la capitale de la Saxe. Ce n'est plus un véritable funiculaire d'ailleurs, mais un *monorail* suspendu, dont la longueur est de 250 mètres et qui gravit une pente de 32 0/0. Trente-trois piliers en fer, de différentes hauteurs, disposés en T, sont installés sur le parcours et supportent de chaque côté un rail sur lequel circulent les voitures.

Chaque voiture contient cinquante personnes et pèse, lorsqu'elle est au complet, environ 11 à 12 tonnes ; leur forme et leur construction diffèrent entièrement de toutes les autres voitures de chemins de fer, même de celles en usage au chemin de fer suspendu d'Eberfeld.

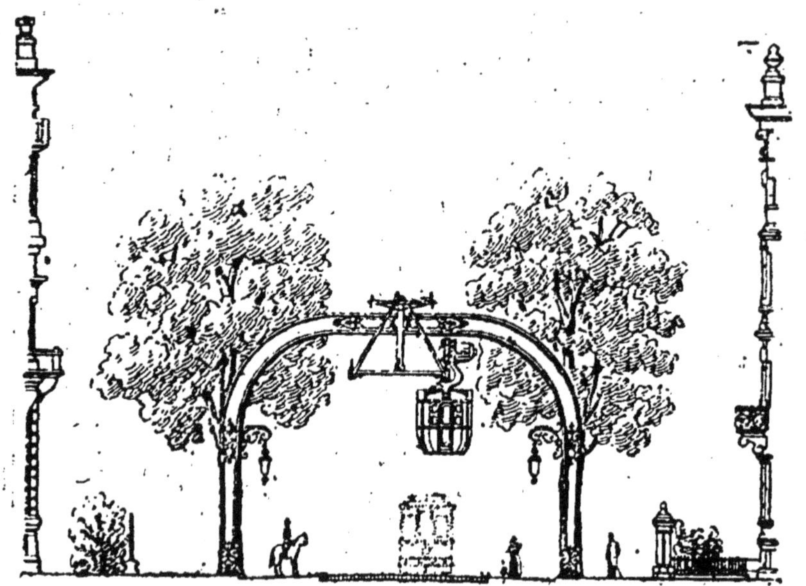

FIG. 21. — Vue du chemin de fer monorail électrique d'Eberfeld-Barmen.

Deux trains circulent sur la voie, ils sont reliés ensemble à chacune de leurs extrémités par un câble d'acier de 44 millimètres de diamètre. La traction s'opère à l'aide de deux machines de 80 chevaux chacune, établies au point terminus de la voie le plus élevé ; ce câble possède une résistance à la tension de 95,000 kilogrammes.

L'absolue sécurité des voyageurs et le parfait glissement des voitures ont été l'objet de la plus scrupuleuse sollicitude de la part des ingénieurs ; le confortable desdites voitures est, du reste, excellent : l'on peut à volonté se tenir debout, circuler, ou s'asseoir, et elles sont suspendues sur le rail unique par deux énormes crampons montés sur des ressorts, dont la disposition spéciale, ainsi que celle de l'intérieur des compartiments, assure une stabilité parfaite.

À signaler en passant une disposition assez ingénieuse : on a organisé un système de signaux visibles et auditifs servant à obtenir la régularité du départ des trains, aussi bien de la station du haut que de celle du bas ; et, de plus, chacune des voitures est munie d'un appareil qui permet au conducteur de communiquer de n'importe quel point du parcours avec la cabine de la machinerie.

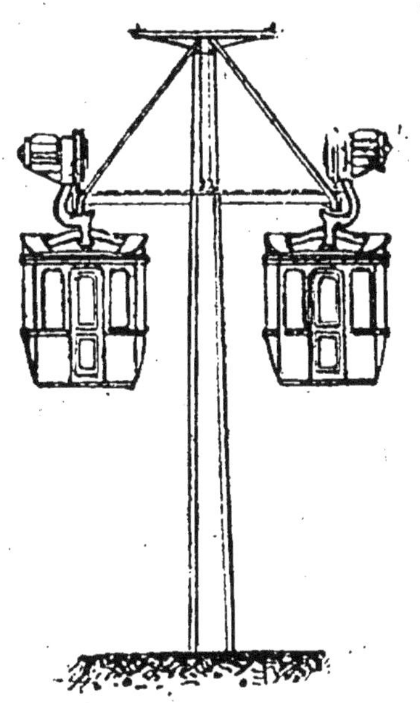

Fig. 25. — Monorail électrique suspendu.

Chaque voiture est pourvue de trois freins du système Bucher-Dürer : deux fonctionnent automatiquement au moindre ralentissement du câble et arrêtent la voiture, le troisième frein est actionné à la main, de la plateforme de la voiture.

Le cadran du disque du cylindre sur lequel est enroulé le câble permet à l'ingénieur de service de déterminer à tout instant la position exacte des voitures sur le parcours, et le tintement d'une sonnette automatique le prévient lorsque le train accélère ou ralentit sa marche. Le fonctionnement, au moment précis de l'arrivée de la voiture, d'un frein automatique installé à chacune des stations hautes et basses, fournit également une excellente garantie contre tout danger ou toute surprise, car son action se produit même dans le cas de négligence ou d'inattention de la part de l'ingénieur.

Nous terminerons ce chapitre par quelques mots sur le funiculaire du Mont Blanc, remarquable entreprise dont le projet, adopté par le Conseil d'État, est dû à M. Duportal, ancien inspecteur des ponts et chaussées, qui a passé le contrat d'établissement avec MM. Couvreux et Durand.

La ligne serait faite en deux parties : la première partant du Fayet (station sur le P.-L.-M. altitude 580 mètres) et s'arrêterait à l'Aiguille du Goûter (altitude 3.840 mètres) avec les principales stations intermédiaires suivantes : Saint-Gervais-les-Bains, Motivon, col de Veza (1.700 m.), pavillon de Bellevue (2.100 m.), mont Lachat (2.100 m.), les Rognes (2.640 m.) et la Tête Rousse (3.160 m.). La longueur est de 18.400 mètres et arrivera à 22.500 mètres quand la seconde partie sera poussée jusqu'au Mont Blanc (4.450 m.).

La voie choisie est celle de 1 mètre ; la ligne sera à crémaillère système Strüb, la rampe maximum aura une pente de 25 centimètres par mètre. Le tracé est établi sur le versant sud de la montagne, et la fonte des neiges commençant de ce côté, le service, aura probablement trois mois d'exploitation régulière.

Le poids d'une locomotive serait de 15 tonnes, sa puissance de 150 chevaux et elle aurait à remorquer 2 wagons pesant 4 tonnes chacun, susceptibles de transporter un total de 80 passagers avec leurs bagages, l'ensemble représentant un poids total de 35 tonnes environ. Comme on compte avoir 8 trains sur la ligne soit un ensemble de 1.200 chevaux, on prévoit une installation capable d'en fournir 1.400. Pour arriver à alimenter la seconde ligne allant de l'Aiguille du Goûter au Mont Blanc, il faudra prévoir une force de 3.000 chevaux.

Des observations physiologiques ayant montré qu'il est désagréable pour l'homme d'être soumis à de trop brusques variations de pression et de température, on a fixé la vitesse verticale d'ascension à 1.200 mètres par heure. Du point de départ au sommet de la montagne il y a une différence de température de 25 degrés. Le parcours de la première section demandera environ trois heures.

Terminons par le coût prévu : 10 millions pour l'installation, soit 500.000 francs le kilomètre de voie. On espère que les travaux pourront être terminés en six ans.

CHAPITRE IX

CONDUITE ET ENTRETIEN DES MOTEURS ÉLECTRIQUES A POSTE FIXE ET POUR LA TRACTION

Fonctionnement des moteurs à courant continu. — Le sens de rotation change, lorsqu'on emploie une dynamo comme réceptrice, et il est inverse de celui que prend cette machine fonctionnant comme génératrice. Ainsi, par exemple, s'il s'agit d'une dynamo enroulée en série, les réactions qui se développent entre l'induit et l'inducteur tendent à empêcher la rotation de l'induit, et il se produit un courant ayant un sens déterminé. En changeant le rôle de cette machine et, de génératrice la prenant comme réceptrice, on lui envoie un courant ayant le même sens que précédemment, les réactions entre les électros et l'induit conserveront le même signe, mais l'anneau étant libre, il obéira alors à ces réactions et prendra un sens de rotation inverse de celui qu'il avait alors qu'il fonctionnait comme générateur du courant.

Lorsque la machine est excitée en dérivation, les conditions ne sont plus les mêmes, car le courant circulant dans un sens déterminé dans les inducteurs alors que l'appareil engendre de l'électricité, voit ce sens renversé dans ces mêmes organes, quand, au lieu de ournir du courant il en reçoit et devient récepteur. Le hamp magnétique change donc de signe, les réactions 'opèrent dans le sens contraire que dans une dynamo xcitée en série et elles agissent dans le sens même du nouvement. Que la machine soit employée comme génératrice ou comme réceptrice, le sens de rotation de 'organe mobile restera toujours le même. Pour les lynamos enroulées en compound, le sens de rotation ariera suivant la proportion relative des deux fils dans haque enroulement. Si le fil en série a une action prépondérante, la machine tourne comme si elle était xcitée en série ; si, au contraire, c'est l'enroulement n dérivation qui est prépondérant, la machine tourne omme si elle était excitée en dérivation. Enfin un élecromoteur à excitation indépendante et une magnéto se omportent de la même façon qu'une dynamo-série.

Un détail, non sans importance pour le bon fonctionnement des moteurs électriques à courant continu, est le calage rationnel des balais sur la périphérie du collecteur. La plupart des électromoteurs de ce genre sont branchés sur des circuits de distributions d'éclairage électrique à potentiel constant et sont munis d'un rhéostat à manette introduisant des résistances de valeur calculée dans le champ magnétique, pour faciliter le démarrage. Les balais doivent être calés suivant un certain angle différant selon que la dynamo travaille comme génératrice ou comme réceptrice. Dans le premier cas, la pratique a indiqué qu'il faut les disposer un peu *en avant* du sens de la rotation ; dans le second, comme le mouvement a changé de sens, il en résulte que les balais se trouvent en retard du mouvement, et il devient nécessaire d'en modifier le calage. Dans les deux cas, l'angle dépend des valeurs relatives des champs magnétiques et celles-ci devant varier suivant le travail exécuté par la réceptrice, il faut s'arranger de manière que la position des balais puisse être modifiée selon les nécessités du travail, sinon il se produirait des étincelles nombreuses, ces balais mettant par instants en court-circuit entre elles plusieurs lames voisines du collecteur, et qui se trouvent à des tensions différentes.

Cette propriété d'avance et de retard des balais est commune à tous les électromoteurs, quel que soit leur mode d'excitation ; cependant, dans quelques cas particuliers, les valeurs des champs magnétiques devant changer en raison de l'effort variable demandé à la réceptrice, certains constructeurs ont prévu le cas et muni leurs machines d'agencements spéciaux permettant de modifier à volonté la position des balais suivant les variations du travail extérieur, et évitant ainsi la détérioration rapide du collecteur par l'effet des étincelles produites par les courts-circuits. La conservation de cette pièce essentielle se trouve ainsi assurée.

Mise en route des électromoteurs. Lorsque la distribution de courant est opérée à intensité constante, le moteur électrique doit être pourvu d'un commutateur spécial permettant d'introduire ce moteur dans le circuit général ou de l'en retirer sans rompre la communication. Ce commutateur de court-circuit est désigné sous le nom de *by-pass*. Si le moteur est enroulé en série, on dispose en dérivation à ses bornes un rhéostat qui permet de régler la vitesse de la rotation en laissant pénétrer une intensité de courant plus ou moins grande dans l'appareil. On peut aussi faire varier le champ nagnétique en le sectionnant de résistance que l'on etire du circuit suivant les besoins. Il est utile d'avoir in régulateur pour éviter les emballements subits de a machine. Lorsque la distribution est à potentiel onstant, comme c'est plus ordinairement le cas, le héostat se monte en série avec l'électromoteur.

Avec une réceptrice exictée en dérivation, et fonctionant sur un réseau à potentiel constant, il est nécessaire d'employer une disposition permettant d'introduire ne résistance en série avec l'induit comme précédemnent lorsqu'on commence à l'exciter, sans quoi le démarage ne pourrait être obtenu. Quelquefois on met simlement un rhéostat dans le circuit de l'inducteur, et,

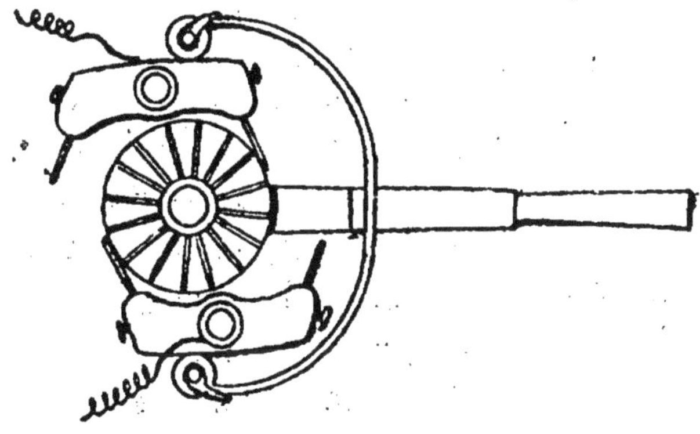

Fig. 25. — Renversement du sens de rotation dans un moteur.

n série avec l'induit, on dispose une résistance qu'un égulateur à force centrifuge vient mettre en courtircuit quand la machine a atteint la vitesse normale. Cette disposition permet, en outre, d'éviter toute surharge accidentelle à la machine.

Pour obtenir le renversement du sens de rotation de organe mobile, il existe différents moyens. Le premier onsiste à changer les connexions des inducteurs, ce qui peut s'obtenir par le jeu d'un commutateur, mais c'est un procédé à peu près inusité. Il est préférable d'intervertir le sens d'arrivée du courant dans l'induit au moyen d'un commutateur ou d'une double paire de balais, chaque paire correspondant à un sens de rotation déterminée de telle manière que le collecteur *tire* sur les balais ; par un mécanisme quelconque on fait appuyer l'une ou l'autre paire de balais, sur le collecteur. Quelquefois, au lieu de balais tangentiels en clinquant ou en toile métallique on préfère prendre des balais en charbon, perpendiculaires aux lames du collecteur, et n'avoir qu'une seule paire de balais, mais alors le changement de marche doit se faire en intervertissant les connexions de la dynamo.

Pour les moteurs disposés dans des endroits difficilement accessibles, les balais en charbon paraissent préférables, car ils usent moins le collecteur sous l'influence des étincelles résultant des variations de la charge extérieure. Ce seul moyen pour restreindre le plus possible la production de ces étincelles, consiste à employer des réceptrices présentant un faible décalage, c'est-à-dire possédant des inducteurs puissants, mais la chose est difficile pour certaines applications telles que les tramways électriques, par exemple, car plus les inducteurs sont puissants, plus le poids total du moteur par unité de puissance est élevé. Il faut donc se résigner si l'on tient à se maintenir dans des limites de poids raisonnables à avoir de fortes étincelles au collecteur. On peut encore, dans le calcul de ces réceptrices, donner aux ampères-tours induits beaucoup de prépondérance sur les ampères-tours inducteurs, quitte à augmenter le décalage des balais. En employant des inducteurs multipolaires en fer très doux, on peut encore diminuer le poids total de métal et réaliser des électromoteurs légers, indispensables pour nombre d'applications, telles qu'entre autres la traction sur voies ferrées et sur routes.

Entretien des électromoteurs. — Les moteurs à courants alternatifs simples ou polyphasés fonctionnent sans réclamer aucune surveillance. Étant dépourvus de collecteur et souvent d'enroulements induits, il ne peut se produire d'étincelles destructives aux frotteurs de prise de courant. Le seul soin qu'ils exigent est celui du graissage convenable des portées de l'arbre tournant entre les paliers. Ces machines sont ordinairement munies de graisseurs automatiques à bagues; il est utile, à chaque mise en route, de vérifier la hauteur de l'huile à l'intérieur de ces récipients, afin de les regarnir en temps voulu et éviter ainsi tout échauffement anormal.

Le point délicat des électromoteurs à courant continu est le collecteur avec ses balais, qui demandent des soins particuliers pour assurer leur conservation. La première condition à remplir pour éviter toute production nuisible d'étincelles en ce point pendant la marche, repose, après le calage rationnel de ces frotteurs, sur le soin avec lequel ils sont appliqués sur la surface du collecteur. La surface de contact des balais avec les lames doit être en rapport avec l'intensité du courant, et la pression qu'ils exercent doit être modérée : trop grande ils s'usent d'une façon exagérée, trop faible, il ne tarde pas à se produire des inégalités au point de tangence et, aux endroits où le courant ne se fait plus il jaillit des étincelles. Un électromoteur bien réglé ne doit donner que des étincelles bleues imperceptibles, pendant la marche ; lorsqu'il vient à s'en produire, c'est que quelque dérangement est survenu, ou l'usure a fait son œuvre, et alors il est nécessaire de rectifier le point devenu défectueux.

Il est bon alors de nettoyer de temps en temps les balais et le collecteur avec un peu d'alcool ou d'essence, après avoir passé un blaireau à leur surface pour enlever les moindres parcelles de limaille et la poussière métallique résultant de l'usure des pièces ; on laisse bien sécher avant de remettre les pièces en place. Les balais peuvent être écartés du collecteur pendant les périodes de repos, mais de toute façon, il ne faudra en retirer un de son support pendant la marche. Les porte-balais eux-mêmes seront maintenus en excellent état de propreté ; il ne devra rester ni huile ni poussière entre leurs supports, vis de serrage, etc. et l'isolement sera conservé.

Les balais appliqués tangentiellement sur le collecteur ne doivent pas dépasser, tant qu'ils ne sont pas usés, la surface de contact de plus de 4 ou 5 millimètres. Quand une des couches de fils ou de feuilles de clinquant est usée, on retourne le balai et on l'use par l'autre bout. Lorsqu'il est usé à ses deux extrémités, on le coupe en dessous de la partie usée, et pour cela on se sert d'une mâchoire en bois dur serrée dans un étau. Le bout du balai dépassant la mâchoire est coupé nettement, et la face est soigneusement limée.

Les balais obliques durent plus longtemps que les balais tangentiels, surtout si on les entretient avec soin ; ils doivent toucher le collecteur par toute l'étendue de leur surface taillée en biseau et, pour les mettre en

)lace, les monteurs recourent au petit *truc* suivant : ils éclairent le balai par dessous à l'aide d'une bougie, de elle sorte que la lumière passant entre le collecteur et e bord du balai indique l'endroit où le contact n'est)as parfait. Souvent les couches antérieures des balais ıe s'usent pas complètement et, en se déplaçant le ong du collecteur amènent la production d'étincelles ; l est facile, dans ce cas, d'enlever avec des ciseaux ou ıne lime les parties saillantes sans endommager le reste le la surface usée par le frottement.

Tant que les balais sont en contact avec le collecteur l faut éviter de faire tourner celui-ci dans le sens op-osé à celui de son mouvement normal (c'est-à-dire *à ebrousse-poil*), sinon on s'exposerait à faire s'écarter les ıns des autres les fils ou les lamelles les constituant.

Il est possible, — quoiqu'il soit préférable d'exécuter ette opération au repos, — de nettoyer le collecteur endant la marche de l'électromoteur en appuyant un hiffon sur sa surface, mais il faut agir avec prudence t ne se servir que d'une main, surtout pour les unités e haute tension, afin d'éviter de recevoir des commo-ions dangereuses.

Quand l'appareil est resté longtemps sans fonctionner, urtout quand il s'agit d'un moteur où les pièces mobi-es ne sont pas enfermées, et que le local est humide, arrive que l'isolant séparant les lames du collecteur e gonfle et produit de telles saillies que le contact ne eut plus s'opérer entre les balais et les lames de cuivre. est nécessaire alors d'enlever le collecteur de la achine et de procéder à sa réparation à l'atelier, ce qui ıtraîne le chômage et une dépense assez élevée. Il ut donc surveiller l'état de ces pièces sujettes à usure dans les électromoteurs à courant continu, afin d'éviter leur détérioration trop rapide et les frais qu'entraîne forcément leur remise en état. Lorsqu'à la longue, les étincelles ont rendu inégale la surface du collecteur, il faut la repolir en se servant de papier de verre fin, et après avoir retiré les balais de leurs supports. Si le papier de verre ne suffit pas, il faudrait employer une lime douce, mais avec grande précaution ; on termine le polissage avec du papier de verre et de la toile d'émeri de plus en plus fine. Souvent de la limaille de cuivre, arrachée par le frottement, s'amasse entre les lames qu'elle finit par mettre en court-circuit. Il faut donc inspecter minutieusement de temps à autre un collecteur déjà limé, et il ne faut jamais appliquer sur cette pièce ainsi réparée des balais en partie usés, à surface de contact défectueuse, autrement elle ne tarderait pas à présenter de nouveau des rayures et des stries.

De plus, l'usage de la lime présente le grave inconvénient d'enlever au collecteur sa forme parfaitement cylindrique et d'augmenter par suite les étincelles. On est obligé alors de le travailler au tour, ce qui s'exécute en boulonnant un petit chariot de tour sur le bâti de la machine ou sur une poutre que l'on dispose à côté de ce bâti. En tenant à la main l'outil de travail on n'obtiendrait que des résultats fort défectueux. On fait tourner l'armature, tambour ou anneau, très lentement pendant le travail, de façon que tous les points de la périphérie viennent en contact avec la tranche ou la pointe de l'outil. On peut, dans ce but, enlever la courroie et tourner la poulie de transmission à l'aide d'un bras de manivelle fixé à cette poulie, mais si celle-ci se trouve intercalée entre deux paliers, on est bien obligé, alors, d'enlever entièrement l'induit hors du moteur pour le mettre sur le tour.

L'expérience a montré que certaines parties d'un même collecteur s'usent plus vite les unes que les autres. Les collecteurs en bronze doux avec lamelles isolées au mica donnent de bons résultats mais demandent une surveillance attentive; le bronze dur semble, par suite, préférable pour les électromoteurs que l'on ne peut visiter souvent, tels que, par exemple, ceux employés dans les ascenseurs et les tramways. L'isolation à l'amiante peut être suffisante, mais il faut préparer les lames isolantes en les laissant séjourner pendant vingt-quatre heures dans le silicate de soude (verre soluble) et les faisant bien sécher avant de les mettre en place. Quel que soit le type de machine, le collecteur doit être constamment poli et bien brillant. Il est possible de diminuer sensiblement la production des étincelles en huilant légèrement la surface du collecteur mais cette opération demande une certaine dextérité ; la couche d'huile doit être très mince et étalée avec un chiffon sec ; un graissage trop abondant ou mal réparti augmenterait les étincelles au lieu de les supprimer, et irait ainsi à l'encontre du but poursuivi.

Maladies des machines électriques. — La *Revue Polytechnique* de Genève a publié, de février à juin 1906, une suite d'articles des mieux documentés, et dus à la plume d'un technicien habile, sur les maladies auxquelles sont soumises les machines électriques soit à l'atelier en cours de montage, soit en service courant. Cette étude permet aux mécaniciens et électriciens travaillant dans les installations de moyenne importance ou privées, de découvrir rapidement les causes de l'arrêt ou du fonctionnement défectueux d'une dynamo ou d'un moteur électrique, de déceler avec certitude la nature de l'accident et, le diagnostic une fois établi, d'établir le traitement rationnel permettant d'effectuer la réparation et remettre l'appareil en état. Nous allons résumer ici ce qui se rapporte aux électromoteurs à courant continu, les seuls étudiés par l'auteur, M. Schmutz.

Un accident vient de se produire : le moteur s'est arrêté subitement, et, le coupe-circuit de sûreté ayant fonctionné, le fil fusible de ligne a fondu, mettant ainsi le moteur hors circuit. Cet accident peut provenir de deux ordres de causes : soit de nature purement mécanique, soit électrique. Dans le premier cas, il peut être dû à un grippage de l'arbre dans ses coussinets, par suite de la tension exagérée de la courroie de transmission, par la présence de limailles tombées dans les paliers ou par l'épaississement de l'huile transformée en cambouis. On peut encore incriminer l'excentrage de l'induit, qui occasionne une attraction exagérée du côté où l'entrefer est le plus faible, et peut devenir tel que l'induit vient frotter sur les faces polaires des inducteurs en entraînant une dépense supplémentaire d'énergie suffisante pour amener la fusion des plombs du coupe-circuit. Au nombre des causes d'ordre mécanique on peut encore mettre un équilibrage magnétique longitudinal défectueux empêchant l'induit de balancer entre les portées et la lubrification de se faire normalement, la présence d'un corps dur accidentellement tombé entre l'induit et les inducteurs, s'y trouvant coincé et empêchant tout mouvement, enfin un dérangement dans le fonctionnement de la génératrice ou autres machines étrangères.

Les causes d'ordre purement électrique peuvent être attribuées, dans un électromoteur enroulé en dérivation ou en compound, à un contact fortuit survenu dans l'induit, et plus spécialement entre les bobines des enroulements ou les lamelles du collecteur. En faisant tourner le moteur à vide, on remarque alors que le mouvement s'opère par saccades. Il peut exister des contacts à la masse qui amènent un court-circuit entre deux parties de l'enroulement. Dans les moteurs à excitation compound, il peut s'être produit un contact anormal entre deux fils dénudés de leur isolement et appartenant, l'un au circuit de gros fil, l'autre au circuit de fil fin, et alors ce contact doit nécessairement s'être produit aux extrémités des enroulements inducteurs opposés au point commun. Enfin il peut encore s'être produit une interruption dans la continuité du fil fin (circuit en dérivation), et provenant d'une rupture dans le bobinage inducteur aux points d'attache, ou un faux contact entre l'entrée et la sortie du fil fin, lequel met alors l'inducteur en court-circuit.

Dans les moteurs excités en série, les causes purement d'ordre mécanique susceptibles de causer l'arrêt subit sont évidemment les mêmes qui ont été énumérées pour les moteurs en dérivation : grippement, décalage de la partie tournante de l'électromoteur, etc., mais les causes d'ordre électrique sont différentes. Si les fusibles de ligne ont fondu, il peut en résulter de très graves conséquences, les distributions en série formant, comme nous l'avons expliqué, des circuits continuellement fermés. Cet accident ne doit donc survenir que tout à fait exceptionnellement avec des moteurs de ce genre, et toute rupture de circuit doit être localisée après le disjoncteur de tension. C'est pourquoi il est instamment recommandé, avant toute manœuvre, toute vérification, tout démontage surtout, de prendre la précaution essentielle de fermer l'interrupteur mettant le moteur en court-circuit, et de déclancher le disjoncteur à main. Par excès de prudence, on peut même desserrer une borne et enlever la connexion du fil au moteur. Les diverses causes auxquelles cet arrêt peut être imputé sont les suivantes, que dénonce d'ailleurs l'abaissement sensible du voltage de la distribution : petit accident sur l'inducteur, ayant amené l'affaiblissement anormal du champ magnétique ; contact fortuit entre des spires ou des bobines de l'induit. Deux contacts à la masse dans l'induit pourront encore provoquer l'arrêt subit du moteur ; ils seront reconnus assez facilement par les pulsations et l'échauffement exagéré des parties détériorées, dont on localisera rapidement l'emplacement.

Il peut encore arriver que le moteur tourne beaucoup plus lentement qu'à l'habitude ; il ne débite plus sa puissance normale et cependant il consomme une quantité d'énergie notablement supérieure à celle fixée. Ces irrégularités, dans tous les systèmes d'électromoteurs enroulés en série, en shunt ou en compound, proviennent, soit des dérangements mécaniques déjà énumérés, soit d'un contact défectueux existant dans l'induit, et plus spécialement entre les spires d'une même bobine. Les pulsations, quoique beaucoup moins accentuées que dans le cas d'un contact entre bobines, fournissent cependant le moyen de reconnaître le défaut et de découvrir le fil en mauvais état.

Telles sont les principales causes des irrégularités de fonctionnement et d'arrêt des électromoteurs, qui nt, comme les automobiles, leurs *pannes*, heureusement moins fréquentes et moins dangereuses. Elles se rapportent le plus souvent, ainsi qu'on vient de le voir, soit à un contact accidentel entre des fils dépourvus de leur enveloppe isolante, soit à un défaut d'entretien du collecteur ou encore à un graissage insuffisant des organes mobiles.

Lorsqu'il se produit un court-circuit dans les bobines de l'induit ou aux balais, on en est ordinairement averti par l'échauffement considérable qui en résulte et l'odeur de roussi provenant de la fusion de la matière isolante des fils. Il faut se hâter alors de couper l'arrivée du courant pour éviter la destruction complète de l'induit que l'on est alors obligé de démonter pour réparer. On vérifie d'abord l'isolement des balais et porte-balais, puis on cherche le point défectueux de l'armature en remettant la machine en mouvement à toute petite vitesse, et en touchant à l'aide d'un bout de gros fil de cuivre nu recourbé en arc deux points du collecteur éloignés l'un de l'autre par plusieurs lames. Il se produit alors une forte étincelle sur la lamelle correspondant à la bobine avariée et qui décèle ainsi l'emplacement du défaut. Si les bobines étaient en bon état, la détérioration pourrait résulter d'une soudure mal exécutée, d'une communication incertaine, mais les faux contacts sont plus fréquents que les interruptions complètes ; on les reconnaît alors au magnétisme inégal des inducteurs et des pièces polaires qui s'exerce par saccades quand on en approche un objet en fer, une clé par exemple.

Si le court-circuit n'existe ni aux balais, ni au collecteur; si toutes les sections composant l'enroulement de l'induit sont en bon état, ainsi qu'une visite attentive permet de s'en assurer, le défaut se loge alors dans l'un des fils des inducteurs. Pour s'en assurer, et si ces électros sont recouverts de fils fin, on mesure la résistance de chacun des circuits; si l'on constate une diminution sur le chiffre normal, c'est qu'il existe un contact étranger quelque part. Il faut alors dépouiller l'inducteur du fil qui le recouvre, en le plaçant sur un tour, et en l'enroulant à mesure sur un bobinoir; on s'arrête quand on a découvert l'endroit détérioré, que l'on répare alors par des moyens appropriés, et on replace ce fil régulièrement dans sa situation primitive. Mais ce procédé de recherche d'un court-circuit n'est possible qu'avec les enroulements à fil fin, car la résistance d'un gros fil, tel que celui d'un électromoteur excité en série, est trop faible pour fournir une indication, et la mesure de l'écart ne donnerait qu'un chiffre infinitésimal. Il est vrai qu'un court-circuit dans les inducteurs d'un moteur-série se révèle de lui-même par la diminution d'intensité du champ magnétique et l'échauffement considérable de la partie avariée.

Il est utile de vérifier, lors de la réception d'un moteur électrique, son état d'isolement, et même de répéter de temps à autre cette vérification. Il suffit, pour avoir une indication approximative de la valeur de cet isolement, de toucher tour à tour, l'appareil étant en marche normale, avec un fil métallique isolé, les deux pôles et le fer de la machine: il ne doit pas se produire d'étincelle, à moins que la tension du courant atteigne au moins 500 volts, cas auquel l'étincelle est fort petite. On ne peut opérer ainsi, il est vrai, que lorsque le moteur est excité en dérivation ou en compound, car ces types, même lorsque le circuit extérieur est interepté, fournissent du courant, ce qui n'est pas le cas vec des machines-série, cas auquel il faut remplacer circuit extérieur par une résistance convenable.

L'isolement se mesure d'une manière plus précise vec un galvanomètre relié à une petite pile de deux léments. On prend de la main droite le fil venant de la orne libre du galvanomètre, de la main gauche le fil enant du pôle négatif de la pile et on touche simultaément, avec l'extrémité dénudée de ces fils, deux des oints de la machine qui, normalement, doivent être solés l'un de l'autre. Si l'aiguille du galvanomètre dévie, 'est que le circuit de la pile se trouve fermé et qu'il xiste un certain degré de conductibilité électrique, u, ce qui revient au même, un manque d'isolement ntre ces deux points. On procède de la même façon our vérifier le degré d'isolement des inducteurs par apport au bâti, et l'intégrité des diverses sections de induit, qui doivent être très bien isolées, l'une par rapport à l'autre. Cette méthode est très sûre, et l'on ne aurait trop la recommander. Il existe d'ailleurs dans commerce des nécessaires d'appareilleurs, formés 'une boîte contenant une pile et un petit voltmètre très récis, et qui permettent d'exécuter avec une suffisante pproximation les mesures d'isolement de toute espèce e circuits, pour toutes les applications de l'électricité.

Rappelons en terminant que le fer étant influencé au oisinage d'une dynamo en fonctionnement, il faut exlure ce métal de l'outillage, et se servir, pour le démonage des électromoteurs, de clés à écrous en bronze et e burettes en zinc pour le graissage. Il faut éviter galement d'exécuter à proximité d'une machine de ce enre n'ayant pas son collecteur protégé par un carter hermétiquement fermé, aucun travail pouvant produire de la limaille de fer. Si l'on remarque un défaut dans la couverture des fils extérieurs des électros, on peut le réparer en enduisant ce fil d'une ou plusieurs couches de bitume de Judée dissous dans l'essence de térébenthine. Il faut éviter de se servir de chiffons de toile pelucheux ou de déchets de coton pour l'essuyage des pièces et ne prendre que des chiffons de bonne toile ou calicot. La meilleure huile pour la lubrification des paliers est l'huile minérale très épaisse servant au graissage des moteurs à gaz.

En marche, il faut éviter de débrayer brusquement le moteur ; on ouvre le circuit à l'aide du rhéostat, et l'interruption complète n'a lieu qu'après l'introduction des résistances dans le circuit. En observant ces diverses précautions on ne risquera pas de détériorer la machine ou de nuire à son bon isolement, et l'on en aura toujours un travail régulier avec le rendement normal.

FIN

TABLE DES MATIÈRES

Mayenne, Imprimerie Ch. Colin.

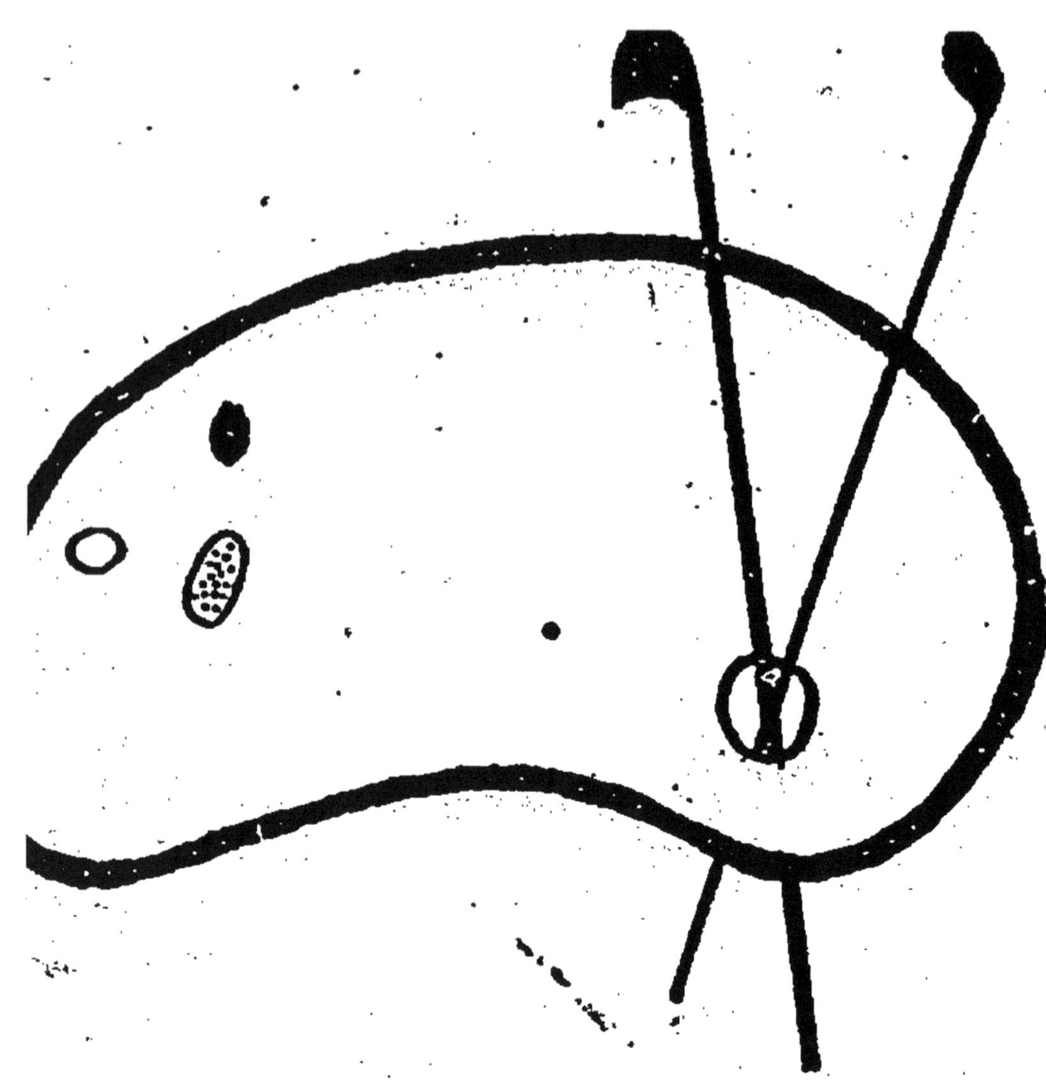

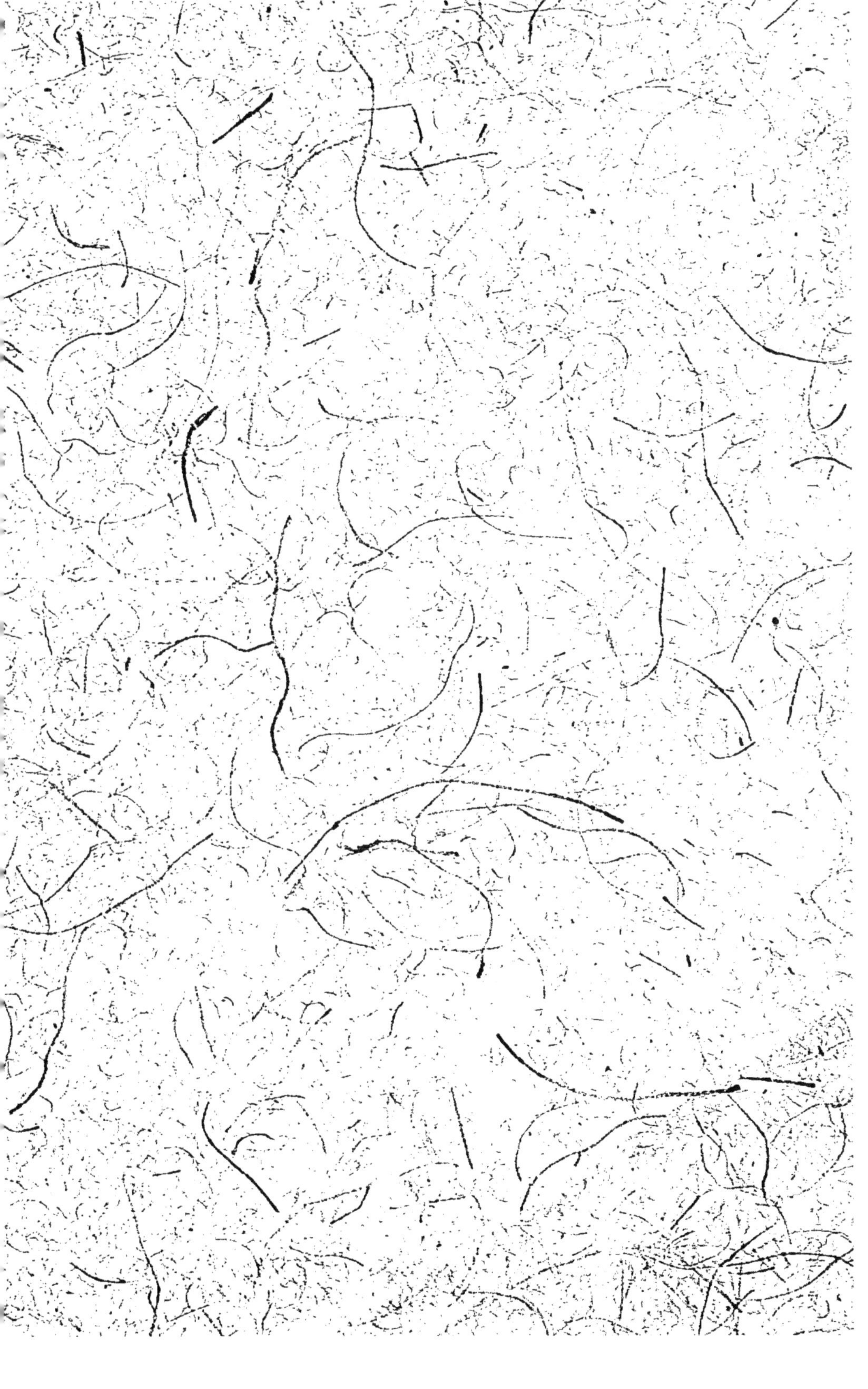

www.ingramcontent.com/pod-product-compliance
Ingram Content Group UK Ltd.
Pitfield, Milton Keynes, MK11 3LW, UK
UKHW020458200726
13857UKWH00002B/759

9 782012 891463